"十四五"职业教育河南省规划教材

高职高专机电专业"互联网+"创新规划教材

机械制图

主　编　陈继斌

U0187631

北京大学出版社

PEKING UNIVERSITY PRESS

内 容 简 介

本书根据最新颁布的国家标准编写而成,包括绪论,制图的基本知识与基本技能,点、直线和平面的投影,立体的视图,轴测图,机件的图样画法,尺寸标注方法,标准件与常用件,零件图,装配图等内容。

本书配套习题集,可供学生更好地学习和巩固制图的基本知识与基本技能。

本书可作为高等职业院校装备制造大类、交通运输大类、能源动力与材料大类、电子信息大类、化工技术类、轻工纺织大类等机械类和近机械类专业的教材和教学参考用书,也可作为中等职业院校的教材和教学参考用书,还可作为相关技术人员的培训和参考用书。

图书在版编目(CIP)数据

机械制图/陈继斌主编. —北京:北京大学出版社,2022.9
高职高专机电专业"互联网+"创新规划教材
ISBN 978 - 7 - 301 - 33259 - 7

Ⅰ. ①机… Ⅱ. ①陈… Ⅲ. ①机械制图—高等职业教育—教材 Ⅳ. ①TH126

中国版本图书馆 CIP 数据核字(2022)第 146412 号

书 名	机械制图
	JIXIE ZHITU
著作责任者	陈继斌 主编
策 划 编 辑	童君鑫
责 任 编 辑	孙 丹 童君鑫
数 字 编 辑	蒙俞材
标 准 书 号	ISBN 978 - 7 - 301 - 33259 - 7
出 版 发 行	北京大学出版社
地 址	北京市海淀区成府路 205 号 100871
网 址	http://www.pup.cn 新浪微博:@北京大学出版社
电 子 信 箱	编辑部邮箱:pup6@pup.cn 总编室邮箱:zpup@pup.cn
电 话	邮购部 010 - 62752015 发行部 010 - 62750672 编辑部 010 - 62750667
印 刷 者	河北文福旺印刷有限公司
经 销 者	新华书店
	787 毫米×1092 毫米 16 开本 11.25 印张 270 千字
	2022 年 9 月第 1 版 2023 年 8 月第 2 次印刷
定 价	39.00 元

前　　言

　　"机械制图"是高等职业院校机械类及工程技术类相关专业的基础课程。本书旨在使学生能执行机械制图国家标准和相关行业标准，掌握机械制图的基本知识，掌握读图和绘图能力，具备一定的空间想象力和思维能力，形成由图形想象物体、由图形表现物体的意识和能力，养成规范的制图习惯；培养学生分析问题和解决问题的能力，形成良好的学习习惯，具备继续学习专业技术的能力；对学生进行职业意识培养和职业道德教育，形成严谨、敬业的工作作风，为今后解决生产实际问题和职业生涯的发展奠定基础。

　　本书从国家职业教育改革和高等职业教育的培养目标出发，体现了职业教育的特点，反映了时代特征与专业特色，符合高等职业院校学生的心理特点和知识的认知、技能的形成规律，以及不同教学模式的需求。

　　本书为创新型教材，内容全面，层次分明，实用性强。每章章首设置"本章教学要点"模块，学生可了解各章学习重点及对知识点要求掌握的程度；每章还设有生动活泼的"导入案例"，可以引导学生学习知识点。

　　本书紧跟信息时代的步伐，以"互联网＋"教材模式，通过二维码链接相关教学视频资料，读者可以扫描书中二维码，对相应知识点进行拓展学习。

　　参与本书编写工作的有郑州轨道工程职业学院的陈继斌、高云闯、马文超、谢变、罗自英、王英豪、瞿峥嵘、任学功、陈琛，郑州轻工业大学的许静，河南省交通规划设计研究院股份有限公司的陈波，河南省公路工程局集团有限公司的王晓琳，杭州仪迈科技有限公司的宋进朝等。本书具体编写分工如下：绪论由陈继斌编写，第 1 章、第 6 章由谢变、王晓琳编写，第 2 章由王英豪、许静编写，第 3 章、第 4 章由高云闯、陈波编写，第 5 章由瞿峥嵘、宋进朝编写，第 7 章、第 8 章由马文超、任学功编写，第 9 章由罗自英、陈琛编写；二维码素材由陈继斌、高云闯、马文超、谢变、罗自英、王英豪、瞿峥嵘、任学功、陈琛提供；本章教学要点、导入案例由陈继斌、许静编写。全书由陈继斌统稿。

　　本书由湖南大学滕召胜教授主审，在此表示衷心的感谢。

　　本书虽然经过反复修改，但限于编者的水平，书中难免存在疏漏和不妥之处，恳请广大读者批评指正。

编　者
2022 年 4 月

资源索引

目　录

绪论

1. 本课程的研究对象

技术图样是在工程技术中，根据投影原理、国家标准或有关规定，准确地表示工程对象，并注有必要的技术说明的图，简称图样。在实际生产中，无论是机器与设备的设计、制造与维修，还是房屋、桥梁、船舶等的设计、建造与维护，都要按照图样来进行。设计部门通过图样表达设计思想和意图；生产与施工部门根据图样进行制造、建造、检验、安装调试；使用者通过图样来了解结构、性能及原理，以掌握正确的使用、保养、维护、维修的方法和要求。因此，图样是表达和交流技术思想的必备工具，也是指导生产、施工、管理等工作的重要技术文件，是工程界的共同技术语言。它可以通过手工绘制，也可以在计算机上通过绘图软件生成。凡是从事工程技术工作的人员，都必须掌握绘制和识读工程图样的能力。

图样的种类很多，不同的行业或专业对图样有不同的要求，如机械图样、建筑图样、水利图样、电气图样等。其中，机械图样用来表达机械零部件或整台机器的形状、尺寸、材料、结构及技术要求等，是机械制造与生产加工的依据。

"机械制图"课程研究的内容是机械图样绘制与识读规律的理论和方法，是一门既有理论又有实践的技术基础课，其主要任务是培养学生具有基本的绘制和识读机械图样的能力。

2. 本课程的内容和基本要求

（1）基本理论。

掌握基本投影理论，包括投影的概念和分类、几何元素的投影及其相对位置关系、投影变换及其应用。

掌握基本平面体和基本回转体的投影作图法及投影特性，具有通过投影方法用二维平面图形表达三维空间形状的能力。

（2）基础知识。

了解形体的构型方法，掌握立体的造型过程和方法。

熟悉基本立体的构成方式及基本体表面取点的方法；掌握基本立体被平面截切后截交线的作图方法，以及基本立体表面相交时相贯线的作图方法。

了解常用零件的结构特点，了解标准件和常用件的功能。

（3）表达方法。

掌握组合体的多种视图表达方法，能够综合应用视图、剖视图和断面图等正确、清晰地表达组合体。

掌握轴测投影原理和常用轴测图种类，掌握正等轴测图和斜二轴测图的应用特点及绘

制方法。

（4）基本技能。

具备仪器绘制、徒手绘画和识读专业图样的能力。

（5）工程应用。

能绘制和识读机械专业相关的工程图样，正确理解形状、尺寸、技术要求，图样画法符合国家标准规定。

能绘制较复杂零件图，视图选择合理，形状表达正确，尺寸标注完全、正确、基本合理，正确注写表面粗糙度代号和尺寸公差代号。

能绘制和识读中等复杂程度的装配图，视图选择合理，部件结构和装配关系表达正确，尺寸标注合理、清晰，正确注写序号、指引线、明细栏和标题栏。掌握拆画零件图的方法。

能绘制螺纹、螺纹紧固件及其连接的规定画法和标注，能绘制圆柱齿轮及其啮合的画法，能绘制常用轴承及其装配画法，了解圆柱销、平键和圆柱螺旋压缩弹簧的规定画法。

（6）工程规范。

了解机械制图相关国家标准和行业标准，掌握查阅国家标准的能力。零件图和装配图的图样画法符合国家标准规定。

3. 本课程的学习方法

本课程的核心内容是正确应用正投影理论、制图国家标准快速绘制与识读机械图样。因此，在学习过程中，不能满足于对理论和原则的理解，还必须将这些理论知识和生产实际密切结合。

学习本课程的主要方法是自始至终把物体的投影与物体的形状紧密联系在一起，不断地"由物画图"和"由图想物"，既要思考视图的形成，又要想象物体的形状，在图、物的相互转换过程中，逐步提高绘图能力和读图能力，还要做到在学中练，在练中学，按照正确的绘图方法和步骤作图，严格执行制图的相关标准和规定，做到投影正确、尺寸齐全、字体工整、图线分明、图面干净，培养踏实、严谨的学习态度和一丝不苟的工作作风。

通过本课程的学习，可为学习后续的机械基础和专业课程以及发展自身的职业能力打下必要的基础。

第1章
制图的基本知识与基本技能

 本章教学要点

知识要求	能力要求	相关知识
制图国家标准的基本规定	1. 了解图纸的幅面、图框格式和标题栏。 2. 掌握比例、字体的规定。 3. 熟悉图线的线型及其用途。 4. 掌握图线的画法	图纸的幅面、图框格式和标题栏，比例、字体，图线的线型，图线的画法
几何作图	1. 熟悉等分线段。 2. 熟悉等分圆周并作正多边形。 3. 熟悉斜度和锥度。 4. 熟悉圆弧连接	等分线段，等分圆周并作正多边形，斜度的画法及标注，锥度的画法及标注，圆弧连接
平面图形的画法	1. 掌握平面图形的尺寸分析。 2. 掌握平面图形的线段分析。 3. 掌握绘制平面图形的方法	平面图形的尺寸，平面图形的线段，绘制平面图形

我国古代造船技术

我国古代大型建筑和造船是否有图纸？在当时属于什么水平？

北宋建筑学家李诫写出了光耀千年的《营造法式》，不但汇总了历代流传的建筑计算方法及建筑中不同工种的合理分工，而且有193幅建筑工程图。每张样图不但有各种建筑的合理模型规划，而且有宽与高比例的精确标准，此后我国古代建筑的图纸技术与分工高速精进。雄伟的北京城乃至蜿蜒的明长城都有建筑图纸设计的功劳。明末清初时期，建筑师雷发达更进一步，不但设计了比例更精确、更透视立体的建筑效果图，而且以建筑图为参照造出精致的模型烫板。

与当时遥遥领先的建筑思维相比，我国古代造船图纸出现得更早。从宋代开始，我国造船就有"船样"的理念，即造船之前绘制出船的整体构架图纸。特别是官方造船，必须按照国家发布的船样施工。我国古代造船在分工方面有一项世界领先的工艺——定龙骨，造船先定龙骨，特别是航海的大船，都是先确定龙骨结构，再以船舶龙骨为基础分项施工。拥有"龙骨"的船更快、更稳。

"机械制图"是用图样确切表示机械的结构形状、尺寸、工作原理和技术要求的课程。图样由图形、符号、文字和数字等组成，是表达设计意图、制造要求及交流经验的技术文件，称为工程界的语言。

图样作为技术交流的共同语言，必须有统一的规范，即必须严格按照 GB/T 10609.1—2008《技术制图　标题栏》、GB/T 10609.2—2009《技术制图　明细栏》、GB/T 10609.3—2009《技术制图　复制图的折叠方法》、GB/T 10609.4—2009《技术制图　对缩微复制原件的要求》的规定绘制，该标准是基础技术标准，在制图标准中处于最高层次，具有通用性，适用于各类制图。《机械制图》是在《技术制图》的基础上制定的，适用于工程图样的制图标准，工程技术人员必须严格遵守其有关规定。

1.1　制图国家标准的基本规定

为了适应现代化生产、管理的需要和便于技术交流，我国制定、发布了一系列国家标准，包括强制性国家标准（代号 GB）、推荐性国家标准（代号 GB/T）和国家标准化指导性技术文件（代号 GB/Z）。

1.1.1　图纸的幅面与格式

1. 图纸幅面

图纸幅面是指图纸宽度与长度组成的图面，简称图幅，用图纸的短边×长边（$B \times L$）表示。

为了便于装订和保存图纸，国家标准对图纸幅面作出统一规定。基本幅面代号有 A0、A1、A2、A3、A4 五种。绘制技术图样时，优先采用表 1-1 中规定的图纸幅面基本尺寸。

表 1-1 图纸幅面及图框格式尺寸

单位：mm

图纸幅面代号	A0	A1	A2	A3	A4
$B \times L$	841×1189	594×841	420×594	297×420	210×297
e	20			10	
c	10			5	
a	25				

注：e、c、a 为周边尺寸。

必要时，允许选用加长图纸幅面，加长图纸幅面的尺寸是由基本幅面的短边成整数倍增大后得出的。图纸幅面的尺寸如图 1.1 所示，其中粗实线为基本幅面（第一选择），细实线为第二选择的加长幅面，细虚线为第三选择的加长幅面。

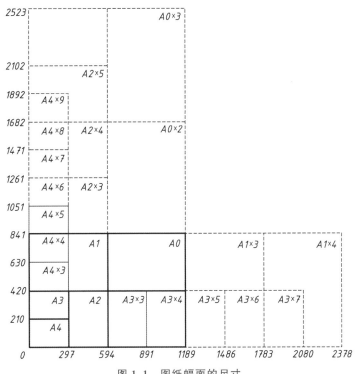

图 1.1 图纸幅面的尺寸

2. 图框格式

在图纸上必须用粗实线画出图框，其格式分为留装订边和不留装订边两种，但同一产品的图样只能采用一种格式。图样必须在图框内。图框与图纸边界线之间的区域称为周边。

留装订边图纸的图框格式如图 1.2 所示，不留装订边图纸的图框格式如图 1.3 所示。

3. 标题栏

绘图时，必须在每张图纸的右下角画出标题栏，标题栏中的文字方向为看图方向。标题栏的格式如图 1.4 所示。

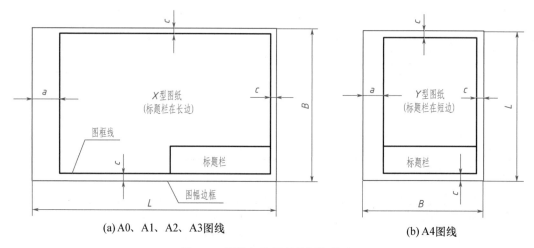

(a) A0、A1、A2、A3图线

(b) A4图线

图 1.2　留装订边图纸的图框格式

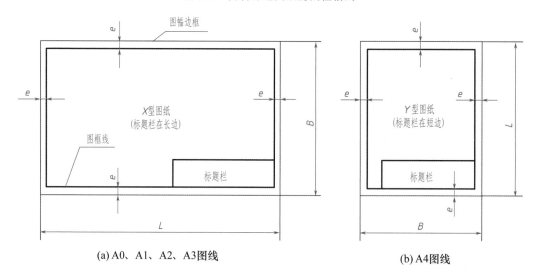

(a) A0、A1、A2、A3图线

(b) A4图线

图 1.3　不留装订边图纸的图框格式

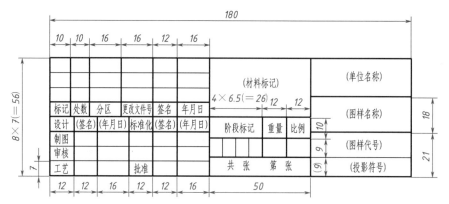

图 1.4　标题栏的格式

练习绘图时，可使用简化标题栏格式，如图 1.5 所示。

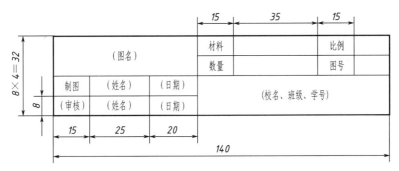

图 1.5　简化标题栏格式

1.1.2　比例

比例是指图中图形与其实物对应要素的线性尺寸之比。

比例分为原值比例、放大比例和缩小比例三种类型。为了从图样中得到实物的真实尺寸，应尽可能用原值比例绘图。需要采用放大比例或缩小比例绘图时，应从表 1-2 中选取适当的比例。

表 1-2　绘图比例

种类	第一系列比例	第二系列比例
原值比例	$1:1$	
放大比例	$2:1$，$5:1$，$1\times10^{n}:1$，$2\times10^{n}:1$，$5\times10^{n}:1$	$4:1$，$2.5:1$，$4\times10^{n}:1$，$2.5\times10^{n}:1$
缩小比例	$1:2$，$1:5$，$1:10$，$1:2\times10^{n}$，$1:5\times10^{n}$	$1:1.5$，$1:2.5$，$1:3$，$1:4$，$1:6$，$1:1.5\times10^{n}$，$1:2.5\times10^{n}$，$1:3\times10^{n}$，$1:4\times10^{n}$，$1:6\times10^{n}$

注：n 为正整数。

绘图时，优先选用第一系列比例，必要时可选用第二系列比例。

无论是采用放大比例还是缩小比例绘图，图样中标注的尺寸都为实物的真实尺寸，与绘图比例无关。以不同比例画出的同一零件的图形如图 1.6 所示。

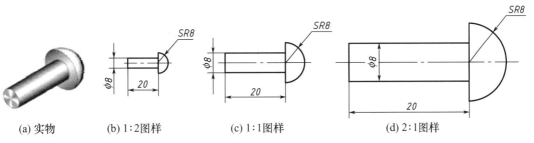

(a) 实物　　　(b) 1:2图样　　　(c) 1:1图样　　　(d) 2:1图样

图 1.6　以不同比例画出的同一零件的图形

1.1.3 字体

图样中的字体包括汉字、字母和数字三种，书写时必须做到字体工整、笔画清楚、间隔均匀、排列整齐。字体的高度（用 h 表示）即字号，有 1.8、2.5、3.5、5、7、10、14、20 八种，单位为毫米（mm）。

1. 汉字

汉字应写成长仿宋体，并采用国家推行的《汉字简化方案》中规定的简化字。汉字的高度 h 通常不小于 3.5mm，宽度一般为 $h/\sqrt{2}$。

汉字示例如下。

字体工整 笔画清楚 间隔均匀 排列整齐

2. 字母和数字

字母和数字可写成斜体或正体，一般采用斜体，斜体的字头应向右倾斜，与水平基准线的夹角约为 $75°$。字母和数字示例如图 1.7 所示。一般用作指数、分数、注脚、尺寸偏差、极限偏差等的字母和数字的字号比基本字体的字号小一号。在一张图样上，只允许选用一种字体。

$$ABCDEFGHIJKLMNO \quad PQRSTUVWXYZ$$

(a) 大写拉丁字母

$$abcdefghijklmno \quad pqrstuvwxyz$$

(b) 小写拉丁字母

$$0123456789$$

(c) 阿拉伯字母

$$I\ II\ III\ IV\ V\ VI\ VII\ VIII\ IX\ X$$

(d) 罗马数字

图 1.7 字母和数字示例

1.1.4 图线

在机械制图中，为了准确地表达实物的形状及可见性，通常使用不同线型和线宽来表达不同对象。

1. 图线的线型及其用途

常用图线的线型及其用途见表 1-3。

表 1-3 常用图线的线型及其用途

图线名称	线型及其尺寸	图线宽度	主要用途
粗实线	────────── d	d	可见轮廓线
细实线	──────────	$d/2$	尺寸线和尺寸界线，剖面线，重合断面轮廓线，指引线，过渡线
波浪线	∿∿∿	$d/2$	断裂处的边界线，视图与剖视图的分界线
细虚线	2~6 ┆ 1~2	$d/2$	不可见轮廓线
细点画线	10~25 ┆ 3~4	$d/2$	轴线，轨迹线，对称中心线
细双点画线	10~20 5~6	$d/2$	极限位置的轮廓线，相邻辅助零件的轮廓线，成形前的轮廓线，轨迹线，中断线等
双折线	3~5 20~40 3~5 30	$d/2$	断裂处的边界线
粗虚线	1~2 2~6	d	允许表面处理的表示线
粗点画线	10~25 3~4	d	有特殊要求或限定范围表示线

图纸中的线条统称为图线，其线宽有粗、细两种。粗图线的宽度 d 应按图样尺寸和复杂程度选择，包括 0.25mm、0.35mm、0.5mm、0.7mm、1mm、1.4mm、2mm，一般优先选用 0.5mm 和 0.7mm，粗、细图线的线宽之比为 2:1。图线应用举例如图 1.8 所示。

2. 图线的画法

（1）在同一图样中，同类图线的宽度应基本一致。虚线、点画线及细双点画线的线段长度和间隔应大致相等。点画线、细双点画线的首尾两端应以线段开始和结束。

（2）当点画线、虚线与其他图线相交时，应在线段处相交，不应在间隔空白处相交。

（3）在较小的图形上绘制虚线、点画线或细双点画线困难时，可用细实线代替。

（4）当虚线在粗实线的延长线上时，要在分界的延长处留出空隙；当虚线与圆相切时，相切的延长处应留有间隙。点画线及虚线的画法如图 1.9（a）所示。

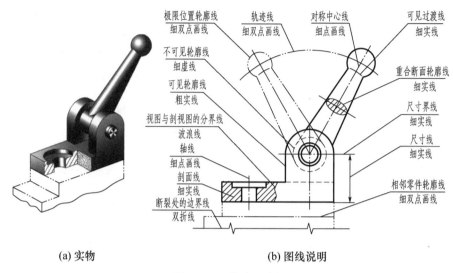

(a) 实物   (b) 图线说明

图 1.8　图线应用举例

（5）绘制点画线时，点画线应超出图形轮廓线 3～5mm。圆的对称中心线画法如图 1.9（b）所示。

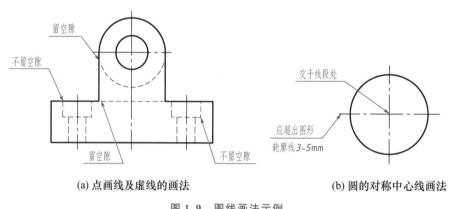

(a) 点画线及虚线的画法   (b) 圆的对称中心线画法

图 1.9　图线画法示例

1.2　几何作图

机件的轮廓形状基本是由直线、圆弧和曲线组成的几何形状，绘制几何图形称为几何作图。

1.2.1　等分线段

等分线段一般使用辅助平行线法。将直线段 AB 五等分如图 1.10 所示。

将直线段 AB 五等分的步骤如下。

（1）过直线段 AB 的端点 A，作一条不与原线段及其延长线重合的射线 AC。

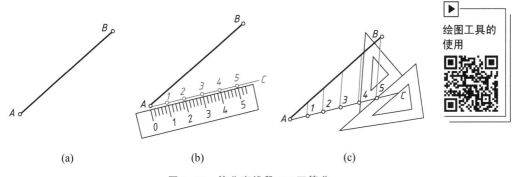

(a)　　　　　　　　(b)　　　　　　　　(c)

图 1.10　等分直线段 *AB* 五等分

（2）利用直尺或圆规，在射线 *AC* 上，从 *A* 点起以适当长度截取 5 个等分点。

（3）用直线连接点 5 与点 *B*，过其他各等分点作线段 *B*5 的平行线并与线段 *AB* 相交，交点为线段 *AB* 的等分点。

1.2.2　等分圆周并作正多边形

1. 圆周三等分、四等分（或绘制等边三角形、正方形）

使用三角板和丁字尺，分别将圆周三等分、四等分，如图 1.11 所示。

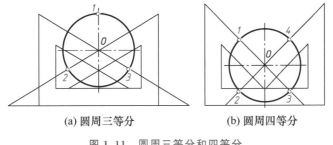

（a）圆周三等分　　　　　　（b）圆周四等分

图 1.11　圆周三等分和四等分

2. 圆周五等分（或绘制正五边形）

将圆周五等分并绘制正五边形，如图 1.12 所示。

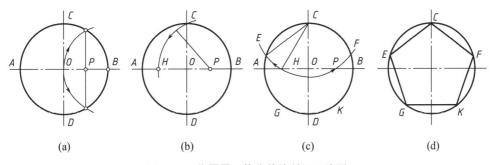

(a)　　　　　　(b)　　　　　　(c)　　　　　　(d)

图 1.12　将圆周五等分并绘制正五边形

将圆周五等分的步骤如下。

（1）作半径 OB 的中点 P。

（2）以 P 点为圆心、PC 为半径作弧，交水平直径于 H 点。

（3）以 CH 为边长，将圆周五等分，作出圆内接正五边形。

1.2.3 斜度和锥度

1. 斜度

一条直线对另一条直线或一个平面对另一个平面的倾斜程度，称为斜度。斜度用两条直线或两个平面间夹角的正切值表示，并把比值转换为 $1:n$ 的形式，即

$$斜度＝\tan\alpha＝H:L＝1:L/H \tag{1-1}$$

其标注形式为"$\angle 1:n$"，斜度符号的指向应与斜度方向一致。斜度的画法与标注如图 1.13 所示。

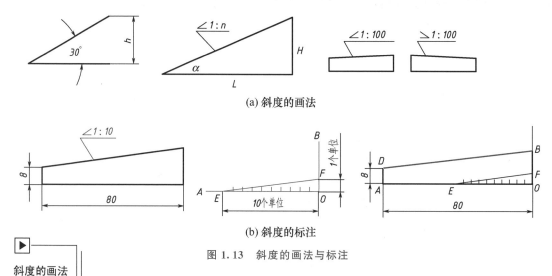

(a) 斜度的画法

(b) 斜度的标注

图 1.13　斜度的画法与标注

斜度的画法

2. 锥度

锥度是指正圆锥的底圆直径 D 与高度 L 之比，或圆台的两底圆直径之差 $D-d$ 与高度 l 之比，如图 1.14 所示。

$$锥度＝2\tan\alpha＝D/L＝(D-d)/l \tag{1-2}$$

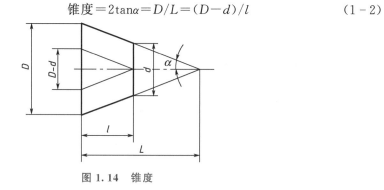

图 1.14　锥度

锥度的画法

其标注形式为"$\triangleright 1:n$"，锥度符号的尖端方向应与锥度方向一致。锥度的画法与标注如图 1.15 所示。

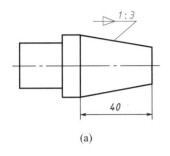
(a)

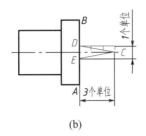
(b)

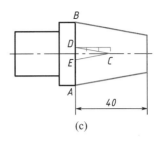
(c)

图 1.15 锥度的画法与标注

1.2.4 圆弧连接

圆弧连接是指用圆弧光滑连接已知直线或曲线。为确保连接光滑，在连接圆弧前，应准确作出连接圆弧的圆心和连接点（切点）。常见圆弧连接有圆弧连接两条直线和圆弧与圆弧连接。

1. 圆弧连接两条直线

圆弧连接两条直线的作图步骤见表 1-4。

表 1-4 圆弧连接两条直线的作图步骤

类别	用圆弧连接锐角或钝角的两边	用圆弧连接直角的两边
图例		用半径 R 的圆弧与已知直线相切
作图步骤	（1）作与已知两边分别距离为 R 的平行线，交点 O 为连接弧圆心。 （2）过 O 点分别向已知角两边作垂线，垂足 M 和 N 为切点。 （3）以 O 点为圆心、R 为半径，在两切点 M 和 N 之间连接圆弧	（1）以直角顶点为圆心、R 为半径画圆弧，交直角两边于点 M 和点 N。 （2）以点 M 和点 N 为圆心、R 为半径画圆弧，相交得连接弧圆心 O。 （3）以 O 点为圆心、R 为半径在切点 M 和 N 之间画连接弧

2. 圆弧与圆弧连接

圆弧与圆弧连接的作图步骤见表 1-5。

表 1-5　圆弧与圆弧连接的作图步骤

类别	作图步骤	图例
外连接	（1）分别以 O_1 点和 O_2 点为圆心、R_1+R 和 R_2+R 为半径画弧，交得连接弧圆心 O。 （2）分别用直线连接 OO_1 和 OO_2，交得切点 A 和 B。 （3）以 O 点为圆心、R 为半径画弧，连接 AB	圆弧与圆弧连接的作图步骤
内连接	（1）分别以 O_1 点和 O_2 点为圆心、$R-R_1$ 和 $R-R_2$ 为半径画弧，交得连接弧圆心 O。 （2）分别用直线连接 OO_1 和 OO_2，并延长到已知圆弧，交得切点 A 和 B。 （3）以 O 点为圆心、R 为半径画弧，连接 AB	
内外连接	（1）分别以 O_1 点和 O_2 点为圆心、R_1+R 和 R_2-R 为半径画弧，交得连接弧圆心 O。 （2）分别用直线连接 OO_1 交得切点 A；连接 OO_2 并延长，与已知圆弧交得切点 B。 （3）以 O 点为圆心、R 为半径画弧，连接 AB	

1.3 平面图形的画法

平面图形是由各种线段（直线或圆弧）连接而成的，这些线段之间的相对位置和连接关系由给定的尺寸确定。绘制平面图形前，必须分析图形的尺寸和连接关系，从而确定作图步骤和方法。

1.3.1 平面图形的尺寸分析

平面图形的尺寸根据表达作用的不同，可分为定形尺寸和定位尺寸两类。标注和分析尺寸前，必须确定基准。

1. 基准

基准是标注尺寸的起点。对平面图形来说，常用基准有对称图形的对称线、圆的中心线、较长的直线等。

2. 定形尺寸

定形尺寸是指确定平面图形中各部分形状大小的尺寸，如线段的长度、圆弧的半径及角度等。

3. 定位尺寸

定位尺寸是指确定平面图形中各组成部分（圆心、线段等）与基准之间相对位置的尺寸。

当标注尺寸时，先标注定形尺寸，再标注定位尺寸。某挂轮架的尺寸分析如图 1.16 所示，其中 $R12$、$R20$、$\phi112$、$\phi62$ 等为定形尺寸 [图 1.16 （a）]，$R108$、108、30°等为定位尺寸 [图 1.16 （b）]。

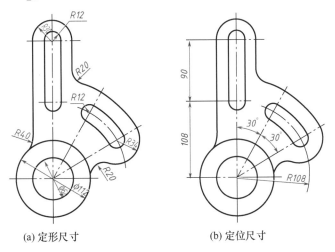

(a) 定形尺寸　　　　　　　　(b) 定位尺寸

图 1.16　某挂轮架的尺寸分析

1.3.2 平面图形的线段分析

平面图形中的线段根据定位尺寸的完整度，可分为已知线段、中间线段和连接线段三类。

1. 已知线段

已知线段是指具有定形尺寸和定位尺寸的线段，作图时可直接画出，如图 1.16（a）中的 $\phi112$ 和 $\phi62$ 等。

2. 中间线段

中间线段是指定形尺寸齐全、定位尺寸不齐全的线段。作图时，需根据与一端相邻线段的连接关系，用作图的方法确定中间线段的位置。中间线段如图 1.16 中 $R34$ 与 $R20$ 相连的圆弧 $R142$（$R108+R34$）等。

3. 连接线段

连接线段是指只有定形尺寸的线段。作图时，需根据与两端相邻线段的连接关系，用作图法确定连接线段位置。连接线段如图 1.16（a）中的圆弧 $R20$、$R40$ 及其公切线等。

由此可见，绘制平面图形时，应先根据平面图形的尺寸对图形作线段分析，确定已知线段、中间线段和连接线段，再根据分析结果依次画出已知线段、中间线段和连接线段。某挂轮架的线段分析如图 1.17 所示。

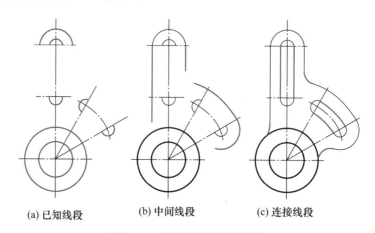

(a) 已知线段　　　　(b) 中间线段　　　　(c) 连接线段

图 1.17　某挂轮架的线段分析

1.3.3 绘制平面图形

绘制平面图形时，首先进行尺寸分析和线段分析，先画已知线段，再画中间线段和连接线段。手柄平面图形的尺寸分析和线段分析如图 1.18 所示。

绘制手柄平面图形的步骤如下。

1. 画图前的准备工作

（1）用软布将三角板、丁字尺、比例尺等绘图工具擦干净；按照绘制不同线型的要求将铅笔削好；将圆规的铅芯削好，并调整好铅芯与针尖的长度，使针尖略长于铅芯。

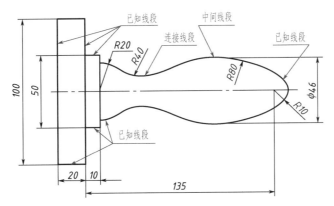

图 1.18　手柄平面图形的尺寸分析和线段分析

（2）仔细分析图样的内容和要求，按照绘图比例及图形的最大尺寸确定图纸幅面，将图纸固定到绘图板上。

2. 图形布局

根据制图标准，首先用 H 铅笔或 2H 铅笔依次轻轻画出图幅线、图框线和标题栏；其次根据要画图形的长度和高度确定图形的位置；最后在选定的位置画出图形的基准线，如中心线、对称轴线及较长直线段等。画基准线和定位线如图 1.19 所示。

图 1.19　画基准线和定位线

3. 绘制底稿

用 H 铅笔或 2H 铅笔轻轻画出底稿线，底稿线的线型要分明。此外，画线时用力要轻，图线宜细不宜粗，所作图线只需能辨认即可。画图时，一般先画轴线或对称中心线，再依次画已知线段、中间线段、连接线段。

4. 检查与加深

绘制底稿后，应仔细校对，修正错误并擦去多余图线。在确定底稿正确无误后，用 B 铅笔或 2B 铅笔将图线加深。加深图线的顺序一般为先粗后细、先曲后直、先上后下、先左后右。手柄的绘图步骤如图 1.20 所示。

5. 标注尺寸

根据尺寸标注的规定绘制尺寸界线、尺寸线及箭头，并正确标注尺寸。平面图形的尺寸标注如图 1.21 所示。标注尺寸时，按照绘图顺序依次标注各几何元素的定形尺寸和定位尺寸，标注完成后仔细检查有无遗漏或重复，并对标注尺寸进行调整和修正。

6. 填写标题栏

绘图工作全部完成后，仔细检查，确认无误后，在标题栏的相应位置填写图形名称、绘图比例，以及制图人的姓名和绘图日期等。

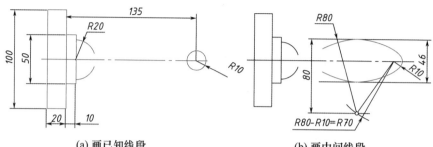

(a) 画已知线段   (b) 画中间线段

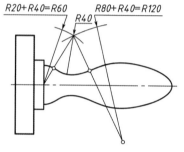
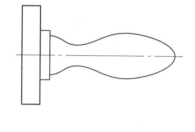

(c) 画连接线段   (d) 擦去多余图线并加深

图 1.20 手柄的绘图步骤

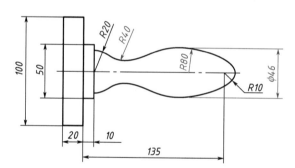

图 1.21 平面图形的尺寸标注

第2章

点、直线和平面的投影

本章教学要点

知识要求	能力要求	相关知识
投影法的基础知识	1. 熟悉投影法的概念。 2. 熟悉投影法的分类及应用	投影法，投影法的分类及应用
三视图的形成 与投影规律	1. 掌握三视图的形成。 2. 掌握三视图的投影规律	三视图的形成，三视图的投影规律
点的投影	1. 熟悉点在两投影面体系中的投影。 2. 熟悉点在三面投影体系中的投影。 3. 熟悉两点的相对位置	点在两投影面体系中的投影，点在三面投影体系中的投影，两点的相对位置
直线的投影	1. 熟悉直线对于一个投影面的投影特性。 2. 熟悉各种位置直线的投影特性。 3. 掌握直线上点的投影。 4. 掌握两直线的相对位置	直线对于一个投影面的投影特性，各种位置直线的投影特性，直线上点的投影，两直线的相对位置
平面的表示法	1. 了解平面的表示。 2. 熟悉平面对于一个投影面的投影特性。 3. 掌握各种位置平面的投影特性。 4. 掌握平面上的点和直线	平面的表示，平面对于一个投影面的投影特性，各种位置平面的投影特性，平面上的点和直线

日　晷

　　日晷，本义是太阳的影子。现代的"日晷"指的是人类利用日影测得时辰或刻数的一种观测日影计时仪器，又称日规。日晷通常由铜制的指针和石制的圆盘组成，铜制的指针叫作晷针，垂直穿过圆盘中心，起着圭表中立竿的作用。日晷的原理是利用太阳的投影方向测定并划分时辰或刻数，通常由晷针（表）和晷面（带刻度的表座）组成。利用日晷计时是人类在天文计时领域的重大发明。

2.1　投影法的基础知识

2.1.1　投影法的概念

　　所谓投影法，就是用投影的方法获得图样。在日常生活中，人们看到太阳光或灯光照射物体时，在地面或墙壁上出现物体的影子就是一种投影现象。我们把光源称为投影中心，光线称为投影线，地面或墙壁称为投影面，影子称为物体在投影面上的投影。投影的形成如图 2.1 所示。

中心投影法

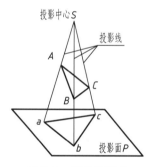

图 2.1　投影的形成

2.1.2　投影法的分类及应用

　　投影法一般分为中心投影法和平行投影法两类。

　　中心投影法：投影中心在距离投影面有限远的地方，投影时，投影线交汇于投影中心的投影法。如图 2.1 所示，图中，投影的视图△abc 随投影中心 S 或△ABC 与投影面 P 的距离的变化而变化。可见中心投影法得到的投影一般不反映物体的真实尺寸，不具有度量性。

　　平行投影法：投影中心在距离投影面无限远的地方，投影时，投影线相互平行的投影法。若平行移动物体，使物体与投影面的距离发生变化，则物体的投影形状和尺寸均不会改变，具有度量性，这是平行投影的重要特点。

平行投影法中，若投影线垂直于投影面，则称为正投影法，如图 2.2（a）所示，所得投影称为正投影；若投影线倾斜于投影面，则称为斜投影法，如图 2.2（b）所示，所得投影称为斜投影。

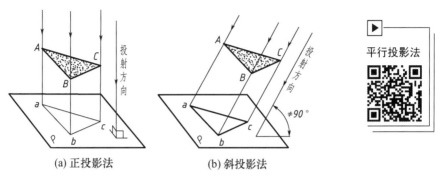

(a) 正投影法　　　　　　　(b) 斜投影法

图 2.2　平行投影法

2.2　三视图的形成与投影规律

在机械制图中，通常假设人的视线为一组平行且垂直于投影面的投影线，在投影面上得到的正投影称为视图，一个视图不能确定物体的形状，如图 2.3 所示。要想完整表达物体的上、下、左、右、前、后部分的形状和尺寸，必须将物体朝多个方向投影，也就是多方向观察物体，我们常采用三视图表达物体的形状。

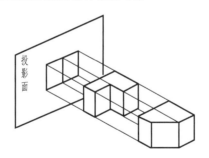

图 2.3　一个视图不能确定物体的形状

2.2.1　三视图的形成

三个相互垂直的平面 V、H、W 构成直角三投影面体系，如图 2.4（a）所示。其中，V 面称为正立位置的正立投影面（简称正面）；H 面称为水平位置的水平投影面（简称水平面）；W 面称为侧立位置的侧立投影面（简称侧面）。

将直角三投影面体系转换为平面，如图 2.4（b）所示。设正立投影面 V 保持不动，水平投影面 H 绕 OX 轴向下旋转 $90°$，侧立投影面 W 绕 OZ 轴向右旋转 $90°$，使 V、H、W 三个投影面在同一平面内展开。

物体在正立投影面 V 上的投影称为主视图，是由前向后投射得到的视图。

物体在水平投影面 H 上的投影称为俯视图，是由上向下投射得到的视图。

物体在侧立投影面 W 上的投影称为左视图，是由左向右投射得到的视图。

主视图、俯视图及左视图通常合称三视图。三视图的位置关系如下：俯视图在主视图下方，左视图在主视图的右方。展开后的三视图如图 2.4（c）所示。

2.2.2 三视图的投影规律

因为三视图的主视图反映物体的长度和高度，俯视图反映物体的长度和宽度，左视图反映物体的高度和宽度，所以，主视图与俯视图之间应保持长度对正，主视图与左视图之间应保持高度平齐，俯视图与左视图之间应保持宽度相等，如图 2.4（d）所示。总结三视图的投影规律如下：主、俯视图——长对正；主、左视图——高平齐；左、俯视图——宽相等。

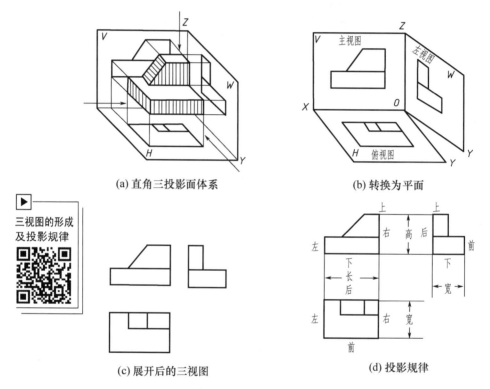

(a) 直角三投影面体系　　(b) 转换为平面

三视图的形成及投影规律

(c) 展开后的三视图　　(d) 投影规律

图 2.4　三视图的形成及投影规律

2.3　点的投影

2.3.1 点在两投影面体系中的投影

空间两点 A 和 B 位于 H 面的同一条垂线上，它们在 H 面的投影 a、b 重合为一点，且投影是唯一的，如图 2.5 所示。根据投影 a、b 不能唯一地确定 A、B 点的空间位置，而要根据点的投影确定其空间位置，必须把点放在两投影面体系或多投影面体系中进行投影。

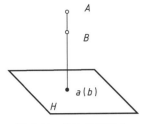

图 2.5 点的投影重合

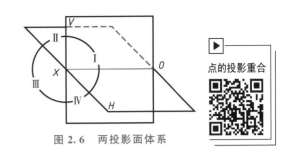

图 2.6 两投影面体系

两投影面体系是由两个相互垂直的投影面 H 和 V 组成的，H 为水平投影面，V 为正立投影面，OX 为投影轴，整个空间被投影面划分为Ⅰ、Ⅱ、Ⅲ、Ⅳ四个部分，每个部分称为一个分角，如图 2.6 所示。由于我国标准规定将机件放在第一分角（称为第一角）进行投影，因此本书主要介绍第一角的投影。

将空间点 A 向 H 面和 V 面作垂线，得垂足 a 和 a'，a 点为 A 点的水平投影，a' 点为 A 点的正面投影，两面正投影如图 2.7（a）所示。可由 a 点和 a' 点确定 A 点的空间位置。可见，根据同一点的两投影可以唯一地确定点的空间位置。

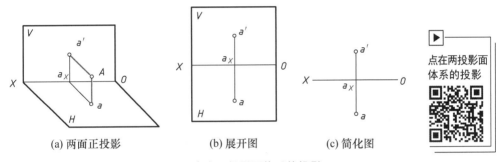

(a) 两面正投影　　　(b) 展开图　　　(c) 简化图

图 2.7 点在两投影面体系的投影

空间点用大写字母表示，点的两个投影用同一个小写字母表示，其中 H 面投影不加撇，V 面投影加一撇。

为了将点的两投影表示在同一平面上，需展开两投影面体系：V 面不动，H 面绕 OX 轴向下旋转 $90°$，同时移去空间点，展开图如图 2.7（b）所示，称为点的两面正投影图，通常按简化图 [图 2.7（c）] 作图。点在两投影面体系的投影特性如下。

（1）点的正面投影 a' 与水平投影 a 的连线垂直于 OX 轴，即 $aa' \perp OX$。

（2）点的正面投影 a' 到 OX 轴的距离等于 A 点到 H 面的距离，即 $a'a_X = Aa$。

（3）点的水平投影 a 到 OX 轴的距离等于 A 点到 V 面的距离，即 $aa_X = Aa'$。

2.3.2 点在三面投影体系中的投影

三面投影体系如图 2.8 所示，空间点位于由 V 面、H 面、W 面构成的三面投影体系中，由点分别向 V 面、H 面、W 面作投影，依次得到正面投影、水平投影、侧面投影。为使三个投影面扩展到同一平面，保持 V 面不动，使 H 面绕 OX 轴向下旋转到与 V 面水平，使 W 面绕 OZ 轴向右旋转到与 V 面水平，得到点的三面投影图。在实际画图过程中，不绘制投影面的边框。在三面投影体系的展开过程中，Y 轴被一分为二。

点在三面投影
体系中的投影

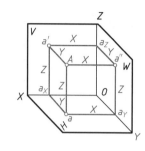

(a) 三面正投影

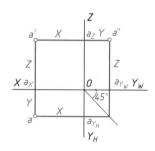

(b) 三面正投影展开图

图 2.8　三面投影体系

因为三面投影体系是直角坐标系，所以其投影面、投影轴、原点分别可以看作坐标面、坐标轴、坐标原点。空间点到投影面的距离可以用坐标表示，点的坐标值有唯一确定的投影。A 点的坐标与 A 点的投影之间有如下关系。

（1）A 点到 W 面的距离 $Aa'' = aa_Y = a'a_Z = a_X O = X$。

（2）A 点到 V 面的距离 $Aa' = aa_X = a''a_Z = a_Y O = Y$。

（3）A 点到 H 面的距离 $Aa = a'a_X = a''a_Y = a_Z O = Z$。

空间点的任一投影可以反映两个坐标，水平投影 a 由 X、Y 坐标确定，正面投影 a' 由 X、Z 坐标确定，侧面投影 a'' 由 Y、Z 坐标确定。可知，坐标 X 和 Z 决定点的正面投影 a'，坐标 X 和 Y 决定点的水平投影 a，坐标 Y 和 Z 决定点的侧面投影 a''，若用坐标表示，则为 a $(X, Y, 0)$，a' $(X, 0, Z)$，a'' $(0, Y, Z)$。

已知一点的三面投影，可以量出该点的三个坐标；已知一点的三个坐标，可以量出该点的三面投影。

2.3.3　两点的相对位置

已知空间点 A，如果由原来的位置向上（向下）移动，则 Z 坐标随着改变，也就是 A 点对 H 面的距离改变；如果由原来的位置向前（向后）移动，则 Y 坐标随着改变，也就是 A 点对 V 面的距离改变；如果由原来的位置向左（向右）移动，则 X 坐标随着改变，也就是 A 点对 W 面的距离改变。

综上所述，空间两点 A 和 B 的相对位置如下。

（1）距 W 面远者在左（X 坐标值大），近者在右（X 坐标值小）。

（2）距 V 面远者在前（Y 坐标值大），近者在后（Y 坐标值小）。

（3）距 H 面远者在上（Z 坐标值大），近者在下（Z 坐标值小）。

已知空间两点的投影（点 A 的三个投影 a、a'、a'' 和点 B 的三个投影 b、b'、b''），可用 A、B 两点同面投影坐标差判别 A、B 两点的相对位置，如图 2.9 所示。由于 $X_A > X_B$，因此 B 点在 A 点的右方；由于 $Z_B > Z_A$，因此 B 点在 A 点的上方；由于 $Y_A > Y_B$，因此 B 点在 A 点的后方。总的来说，就是 B 点在 A 点的右方、上方、后方。

若空间两点在某个投影面上的投影重合，则这两个点是该投影面的重影点，此时两点的某两个坐标相同，且在同一投射线上。

当两点的投影重合时，需要判别其可见性，对 H 面的重影点，从上向下观察，Z 坐

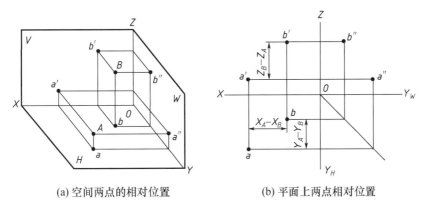

(a) 空间两点的相对位置　　　　　(b) 平面上两点相对位置

图 2.9　两点的相对位置

标值大者可见；对 W 面的重影点，从左向右观察，X 坐标值大者可见；对 V 面的重影点，从前向后观察，Y 坐标值大者可见。在投影图上，不可见的投影加括号表示，如（d）。

例如，图 2.10 中，C、D 点位于垂直 H 面的投射线上，c、d 点重影为一点，则 C、D 点为对 H 面的重影点，Z 坐标值大者可见，图中 $Z_C>Z_D$，故 c 点可见，d 点不可见，用 $c(d)$ 表示。

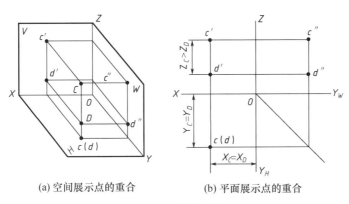

(a) 空间展示点的重合　　　　　(b) 平面展示点的重合

图 2.10　点的重合

特殊位置点的投影：在投影面上的点（有一个坐标为 0），有两个投影在投影轴上，另一个投影与其空间点本身重合，例如 V 面上的点 A，如图 2.11（a）所示；在投影轴上的点（有两个坐标为 0），有一个投影在原点，另两个投影与其空间点本身重合，例如 OZ 轴上的点 A，如图 2.11（b）所示；在原点上的空间点（三个坐标都为 0），三个投影都在原点，如图 2.11（c）所示。

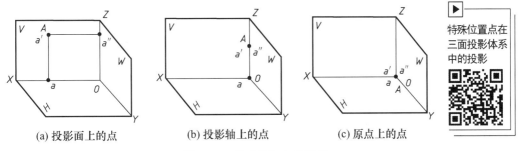

(a) 投影面上的点　　　　　(b) 投影轴上的点　　　　　(c) 原点上的点

特殊位置点在三面投影体系中的投影

图 2.11　特殊位置点的投影

2.4 直线的投影

空间直线的投影可由直线上两点（通常取线段两个端点）的同面投影确定。当求作图 2.12 (a) 所示直线 AB 的三面投影图时，可分别作出 A、B 两点的投影 (a、a'、a'') 和 (b、b'、b'')，如图 2.12 (b) 所示，然后连接同面投影，得到直线 AB 的三面投影图 (ab、$a'b'$、$a''b''$)，如图 2.12 (c) 所示。

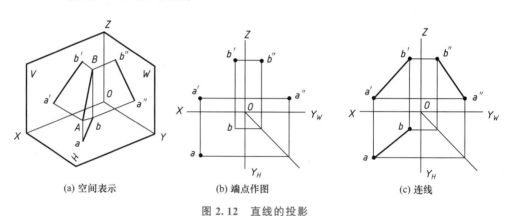

(a) 空间表示　　　　　(b) 端点作图　　　　　(c) 连线

图 2.12　直线的投影

2.4.1　直线对于一个投影面的投影特性

空间直线具有如下投影特性。

（1）真实性。当直线与投影面平行时，直线的投影为实际长度，如图 2.13 (a) 所示。

（2）积聚性。当直线与投影面垂直时，直线的投影积聚为一点，如图 2.13 (b) 所示。

（3）收缩性。当直线与投影面倾斜时，直线的投影小于直线的实际长度，如图 2.13 (c) 所示。

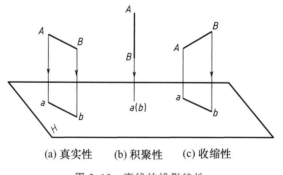

(a) 真实性　　　(b) 积聚性　　　(c) 收缩性

图 2.13　直线的投影特性

2.4.2　各种位置直线的投影特性

根据在三投影面体系中的位置，直线可分为投影面平行线、投影面垂直线、一般位置直线三类。前两类直线称为特殊位置直线，后一类直线称为一般位置直线。

1. 投影面平行线

平行于一个投影面且同时倾斜于另两个投影面的直线称为投影面平行线。平行于 V 面的称为正平线，平行于 H 面的称为水平线，平行于 W 面的称为侧平线。投影面平行线如图 2.14 所示。

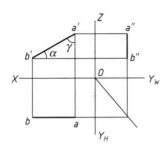 

图 2.14　投影面平行线

直线与投影面的夹角称为直线对投影面的倾角。α、β、γ 分别表示直线对 H 面、V 面、W 面的倾角。

2. 投影面垂直线

垂直于一个投影面且同时平行于另两个投影面的直线称为投影面垂直线。垂直于 V 面的称为正垂线，垂直于 H 面的称为铅垂线，垂直于 W 面的称为侧垂线。投影面垂直线如图 2.15 所示。

3. 一般位置直线

与三个投影面都处于倾斜位置的直

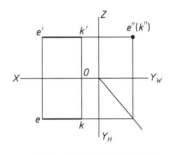 

图 2.15　投影面垂直线

线称为一般位置直线。如图 2.16 所示，直线 AB 与 H 面、V 面、W 面都处于倾斜位置，倾角分别为 α、β、γ。

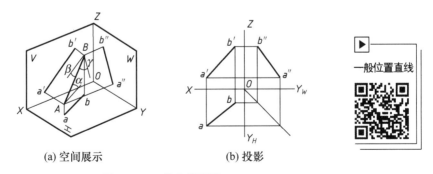

(a) 空间展示　　　　　　(b) 投影

图 2.16　一般位置直线

一般位置直线的投影特征如下。

（1）直线的三个投影和投影轴都倾斜，各投影与投影轴的夹角不等于空间线段对相应

投影面的倾角。

（2）任何投影都小于空间线段的实际长度，且不能积聚为一点。

如果直线的投影与三个投影轴都倾斜，则可判定该直线为一般位置直线。

2.4.3 直线上点的投影

若点在直线上，则该点的各投影必定在该直线的同面投影上；若点的各投影都在直线的同面投影上，则该点必定在该直线上。

直线上点的投影如图 2.17 所示，直线 AB 上有一点 C，C 点的三面投影 c、c'、c'' 必定分别在该直线的同面投影 ab、$a'b'$、$a''b''$ 上。

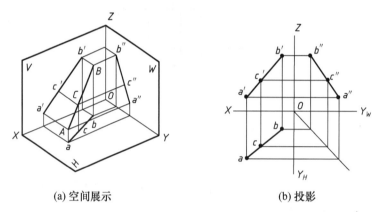

(a) 空间展示　　　　　　　　　(b) 投影

图 2.17　直线上点的投影

2.4.4 两直线的相对位置

两直线的相对位置有平行、相交、交叉三种情况。

1. 两直线平行

（1）特性。若空间两直线平行，则它们的各面投影必定相互平行。如图 2.18 所示，由于 $AB \parallel CD$，因此必定 $ab \parallel cd$、$a'b' \parallel c'd'$、$a''b'' \parallel c''d''$。若两直线的各面投影相互平行，则它们在空间必定相互平行。

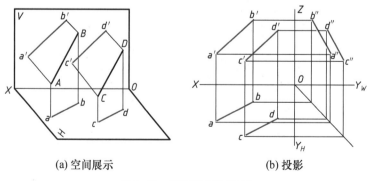

(a) 空间展示　　　　　　　　　(b) 投影

图 2.18　两直线平行投影

（2）判定两直线是否平行。如果两直线处于一般位置，则只需观察两直线中的任何两组同面投影是否相互平行即可判定两直线是否平行。

当两平行直线平行于某个投影面时，只有观察两直线在平行的投影面上的投影是否相互平行才能确定。判断两直线是否平行如图 2.19 所示，直线 AB、CD 均为侧平线，虽然 ab∥cd、a'b'∥c'd'，但不能判定两直线平行，还必须作两直线的侧面投影进行判定，由于图中两直线的侧面投影 a"b" 与 c"d" 相交，因此可判定直线 AB 与 CD 不平行。

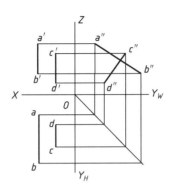

图 2.19 判断两直线是否平行

2. 两直线相交

（1）特性。若空间两直线相交，则它们的各面投影必定相交，且交点符合点的投影规律。如图 2.20 所示，两直线 AB 和 CD 相交于 K 点，因为 K 点是两直线的共有点，所以两直线的各组同面投影的交点 k、k'、k" 必定是空间交点 K 的投影；反之，若两直线的各面投影相交，且各组同面投影的交点符合点的投影规律，则两直线在空间必定相交。

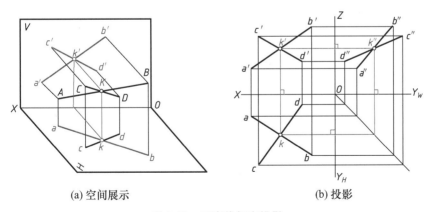

(a) 空间展示   (b) 投影

图 2.20 两直线相交投影

（2）判定两直线是否相交。如果两直线均为一般位置线，则只需观察两直线中的任何两组同面投影是否相交且交点是否符合点的投影规律即可判定两直线是否相交。

3. 两直线交叉

两直线既不平行又不相交，称为交叉。

（1）特性。若空间两直线交叉，则它们的各组同面投影不同时平行，或者各面投影虽然相交，但交点不符合点的投影规律；反之亦然。

（2）判定空间交叉两直线的相对位置。直线 *AB* 和 *CD* 为交叉直线，则这两条直线的正面投影和水平投影均相交，如图 2.21（a）所示，但正面投影中的交点与水平投影中的交点不是同一点，投影如图 2.21（b）所示。

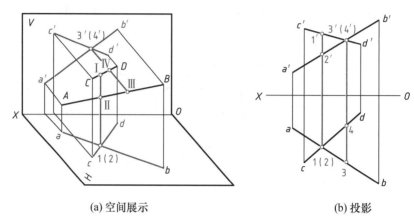

(a) 空间展示   (b) 投影

图 2.21　两直线交叉投影

2.5　平面的表示法

2.5.1　平面的表示

在投影图上平面有如下两种表示方法。

1. 一组几何元素的投影表示平面

（1）不在同一直线上三点的投影表示平面，如图 2.22（a）所示。

（2）一直线和直线外一点的投影表示平面，如图 2.22（b）所示。

（3）相交两直线的投影表示平面，如图 2.22（c）所示。

（4）平行两直线的投影表示平面，如图 2.22（d）所示。

（5）任意平面图形（如三角形、四边形、圆形等）的投影表示平面，如图 2.22（e）所示。

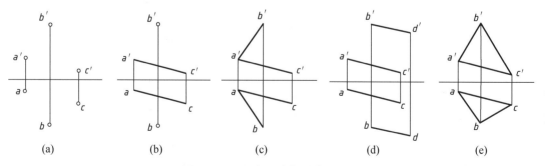

(a)   (b)   (c)   (d)   (e)

图 2.22　用几何元素投影表示平面

2. 迹线表示法

空间平面与投影面的交线称为迹线。用迹线表示平面如图 2.23 所示。

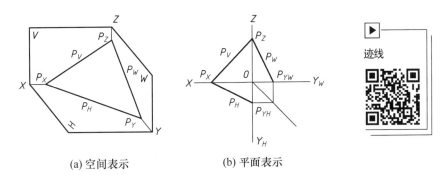

(a) 空间表示　　　(b) 平面表示

图 2.23　用迹线表示平面

P 面与 H 面的交线称为水平迹线，用 P_H 表示。

P 面与 V 面的交线称为正面迹线，用 P_V 表示。

P 面与 W 面的交线称为侧面迹线，用 P_W 表示。

P_H、P_V、P_W 两两相交的交点 P_X、P_Y、P_Z 称为迹线集合点，分别位于 OX 轴、OY 轴、OZ 轴上。

由于迹线既是平面内的直线，又是投影面内的直线，因此迹线的一个投影与其本身重合，另两个投影与相应的投影轴重合。当用迹线表示平面时，为了简便，只画出并标注与迹线本身重合的投影，省略与投影轴重合的迹线投影。

2.5.2　平面对于一个投影面的投影特性

空间平面相对于一个投影面的位置有平行、垂直、倾斜三种，三种位置有不同的投影特性。

(1) 真实性。当平面与投影面平行时，平面的投影为实形，如图 2.24（a）所示。

(2) 积聚性。当平面与投影面垂直时，平面的投影积聚成一条直线，如图 2.24（b）所示。

(3) 类似性。当直线或平面与投影面倾斜时，平面的投影是小于平面实形的类似形，如图 2.24（c）所示。

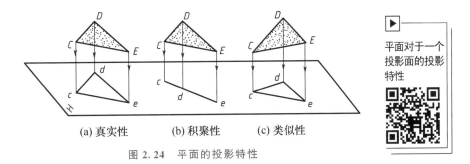

(a) 真实性　　　(b) 积聚性　　　(c) 类似性

图 2.24　平面的投影特性

2.5.3 各种位置平面的投影特性

根据在三投影面体系中的位置，平面可分为投影面倾斜面、投影面平行面、投影面垂直面三类。前一类平面称为一般位置平面，后两类平面称为特殊位置平面。

1. 投影面倾斜面

平面$\triangle ABC$与H面、V面、W面都处于倾斜位置，倾角分别为α、β、γ，如图 2.25 所示。

投影面倾斜面的投影特征可归纳如下：投影面倾斜面的三面投影既不反映实形，又不具有积聚性，而都为类似形。

对投影面倾斜面的辨认：如果平面的三面投影都是类似的几何图形的投影，则可判定该平面为投影面倾斜面。

2. 投影面平行面

平行于一个投影面且同时垂直于另两个投影面的平面称为投影面平行面。平行于V面的称为正平面，平行于H面的称为水平面，平行于W面的称为侧平面，如图 2.26 所示。

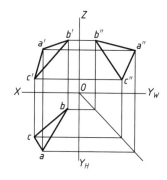

图 2.25　投影面倾斜面

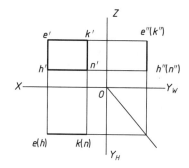

图 2.26　投影面平行面

3. 投影面垂直面

垂直于一个投影面且同时倾斜于另两个投影面的平面称为投影面垂直面。垂直于V面的称为正垂面，垂直于H面的称为铅垂面，垂直于W面的称为侧垂面。平面与投影面所夹的角称为平面对投影面的倾角。α、β、γ分别表示平面对H面、V面、W面的倾角。投影面垂直面如图 2.27 所示。

投影面垂直面

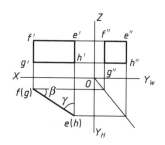

图 2.27　投影面垂直面

2.5.4 平面上的点和直线

1. 平面上的点

点在平面上的几何条件如下：若点在平面内的一条直线上，则该点必在平面上。在平面上取点时，必须先在平面上取一条直线，再在该直线上取点。这是在平面的投影图上确定点所在位置的依据。

相交两直线 AB、AC 确定一个平面 P，在直线 AB 上取点 K，则点 K 必在平面 P 上，平面上的点如图 2.28（a）所示，作图方法如图 2.28（b）所示。

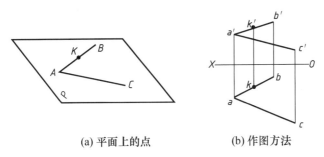

(a) 平面上的点　　　　　(b) 作图方法

图 2.28　平面上的点

2. 平面上的直线

直线在平面上的几何条件如下。

（1）若一条直线通过平面上的两个点，则该直线必在该平面上。

（2）若一条直线通过平面上的一点且平行于平面上的另一条直线，则该直线必在该平面上。

相交两直线 AB、AC 确定一个平面 P，分别在直线 AB、AC 上取点 E、F，连接 EF，则直线 EF 为平面 P 上的直线，如图 2.29（a）所示，作图方法如图 2.29（b）所示。

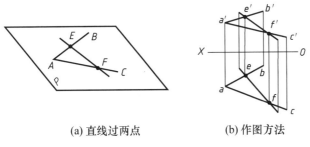

(a) 直线过两点　　　　　(b) 作图方法

图 2.29　平面上的直线

相交两直线 AB、AC 确定一平面 P，在直线 AC 上取点 E，过点 E 作直线 $MN/\!/AB$，则直线 MN 为平面 P 上的直线，如图 2.30（a）所示，作图方法如图 2.30（b）所示。

3. 平面上的投影面平行线

属于平面且平行于一个投影面的直线称为平面上的投影面平行线。平面上的投影面平行线一方面要符合平行线的投影特性，另一方面要符合直线在平面上的条件。图 2.31 中，

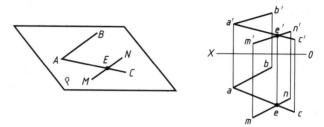

(a) 直线过一点且平行　　(b) 作图方法

图 2.30　平面上的直线

过点 A 在平面内作水平线 AD，可过点 a' 作 $a'd' /\!/ OX$ 轴，求出的水平投影 ad，$a'd'$ 和 ad 为 $\triangle ABC$ 上水平线 AD 的两面投影。如过点 C 在平面内作正平线 CE，可过点 c 作 $ce /\!/ OX$ 轴，求出的正面投影 $c'e'$，$c'e'$ 和 ce 为 $\triangle ABC$ 上正平线 CE 的两面投影。

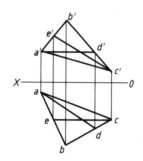

图 2.31　平面上的投影面平行线

第3章
立体的视图

本章教学要点

知识要求	能力要求	相关知识
基本体的 投影分析	1. 熟悉平面立体的投影分析。 2. 熟悉曲面立体的投影分析	平面立体的投影，曲面立体的 投影
组合体 三视图的画法	1. 熟悉组合体的构成形式。 2. 熟悉组合体表面连接关系。 3. 掌握组合体三视图的画法。 4. 掌握读组合体的视图	组合体的构成形式，组合体表 面连接关系，组合体三视图的 画法
平面与立体 表面的交线	1. 掌握平面立体的截交线。 2. 掌握回转体的截交线。 3. 掌握相贯体	平面立体的截交线，回转体的 截交线，相贯体

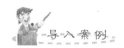

最遥远天体外形罕见！NASA 制立体视图让人一饱眼福

美国国家航空航天局（National Aeronautics and Space Administration，NASA）"新视野号"飞船飞越距地球 65 亿公里的"终极远境"（Ultima Thule，又称天涯海角），其罕见外形与人类熟知天体的外形均不相同，NASA 上传了"终极远境"的立体视图，可透过 3D 眼镜，一览人类飞行器拜访的最遥远天体的立体外貌。

最遥远天体外形罕见！NASA制立体视图让人一饱眼福

NASA 在网站发布"终极远境"的立体视图，利用"新视野号"飞船逐次传回的观测照片，拼凑出其实际外貌，借助相关技术制造出 3D 立体图。

NASA 科学家指出，该立体图的问世不仅能满足民众对此天体的好奇心，更进一步接触宇宙奥妙，而且有利于帮助团队进行相关研究。"新视野号"飞船副项目科学家史宾赛直言，该立体图非常有价值，有助于团队理解"终极远境"的实际外貌与运动轨迹。

NASA 此前表示，尽管"新视野号"飞船飞越高速，在某方面限制对"终极远境"真实外貌的探索，但后来证实"终极远境"比预期平坦，科学家从来没有看到过这种天体，"这无疑会激发出太阳系形成之初的新理论"。

3.1 基本体的投影分析

基本体按表面构成的不同分为平面立体和曲面立体。表面全部由平面围成的立体称为平面立体，如长方体、棱柱和棱锥（台）等；表面由曲面或曲面和平面共同围成的立体称为曲面立体，如圆柱、圆锥（台）、圆球和圆环等。典型基本体如图 3.1 所示。

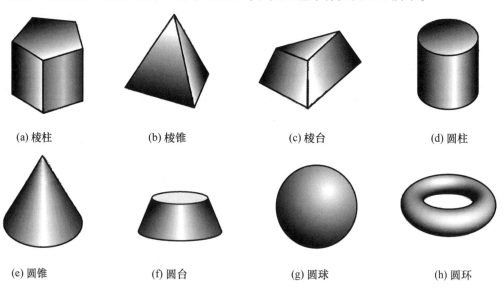

(a) 棱柱　　　　　(b) 棱锥　　　　　(c) 棱台　　　　　(d) 圆柱

(e) 圆锥　　　　　(f) 圆台　　　　　(g) 圆球　　　　　(h) 圆环

图 3.1 典型基本体

3.1.1 平面立体的投影分析

平面立体由若干多边形平面围成，画平面立体的投影，就是画各多边形的投影。多边形的边线是立体相邻表面的交线，即平面立体的轮廓线。

1. 棱柱

以正六棱柱为例，正六棱柱的顶面和底面都是水平面，侧棱面是四个铅垂面和两个正平面，棱线是六条铅垂线。正六棱柱的投影及表面取点如图 3.2 所示。

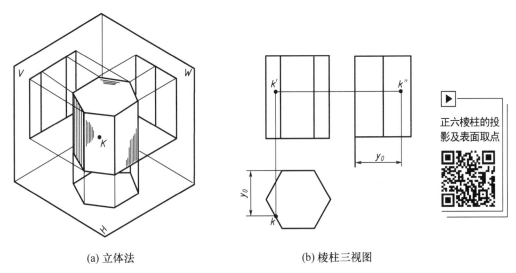

(a) 立体法   (b) 棱柱三视图

图 3.2　正六棱柱的投影及表面取点

（1）正六棱柱三视图的作图步骤。

① 画出棱柱的水平（H 面）投影。六棱柱的顶面和底面是水平面，且在 H 面投影时重合，均反映实际长度。六棱柱六个棱面的水平投影积聚在六边形的六条边上，六条侧棱的水平投影积聚在六边形的六个顶点上。

② 由于六棱柱的顶面和底面是水平面，因此在正面（V 面）投影和侧面（W 面）投影时积聚成直线。

③ 按照投影关系，分别画出六条侧棱的正面（V 面）投影、侧面（W 面）投影，得到六个侧棱面的投影。六棱柱的前、后侧棱面为正平面，正面投影反映实形，侧面投影积聚为两条直线段。另外，四个侧棱面为铅垂面，正面投影和侧面投影均为类似形，如图 3.2（b）所示。

（2）在棱柱表面取点的作图步骤。

因为棱柱表面都是平面，所以在棱柱表面上取点与在平面上取点的方法相同。作图时，应首先确定点所在平面的投影位置，然后利用平面上点的投影作图规律求作该点的投影。

如图 3.2（b）所示，已知棱柱表面上点 K 的正面投影 k'，求 k 和 k''。

因为 k' 是可见的，所以点 K 在棱柱的左前棱面上，该棱面的水平投影积聚成一条直线，它是六边形的一条边，k 就在此边上。再按投影关系，求得点 K 的侧面投影 k''。

2. 棱锥

棱锥有一个底面和多个侧棱面，棱锥的全部棱线交于有限远的一点——锥顶。棱锥的底面为正多边形，顶点在底面上的投影位于多边形中心的棱锥称为正棱锥。按棱线数的不同，棱锥可分为三棱锥、四棱锥、五棱锥、六棱锥等。

以三棱锥为例，三棱锥底面△ABC是水平面，底面的边线分别是两条水平线和一条侧垂线；左、右侧棱面△SAB、△SBC是一般位置平面；后棱面△SAC是侧垂面。前棱线是侧平线，另外两条棱线是一般位置直线。棱锥的投影及表面取点如图3.3所示。

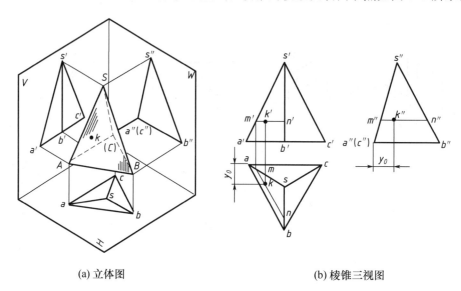

(a) 立体图　　　　　　　　　(b) 棱锥三视图

图 3.3　棱锥的投影及表面取点

（1）三棱锥三视图的作图步骤。

① 画出三棱锥底面的三面投影，水平投影△ABC反映底面实形，正面投影和侧面投影分别积聚成一条直线。

② 根据棱锥的高度尺寸画出锥顶S的三面投影。

③ 过锥顶向底面各顶点连线，画出三棱锥三条侧棱的三面投影，得到三棱锥三个侧棱面的投影。左、右两棱面△SAB、△SBC为一般位置平面，三面投影都是类似的三角形；侧面投影 $s''a''b''$ 和 $s''c''b''$ 重合；后棱面△SAC是侧垂面，侧面投影积聚为直线段 $s''a''(c'')$，水平投影和正面投影都是其类似形，如图3.3（b）所示。

（2）在棱锥表面取点的作图步骤。

如图3.3（b）所示，已知棱锥表面一点K的正面投影 k'，试求点K的水平投影和侧面投影。

由于 k' 可见，因此可以断定点K在△SAB棱面上，在一般位置棱面上找点，需作辅助线。过点K的已知投影在△SAB棱面上作一条辅助直线，然后在辅助线的投影上求出点的投影。

过 k' 在棱面△ $s'a'b'$ 上作一条水平线 $m'n'$（也可作其他形式的辅助线），与 $s'a'$ 交于 m'，与 $s'b'$ 交于 n'。$m'n'$∥ $a'b'$，根据平行两直线的投影特性可知，mn∥ ab。由 m' 在 sa 上求出 m，作 mn∥ ab，点的水平投影 k 在 mn 上。利用点的投影规律，求出 k''。

3.1.2 曲面立体的投影分析

常见的曲面立体是回转体，回转体是由回转面或回转面和平面共同围成的立体。绘制回转体投影，就是绘制回转面和平面的投影。回转面上可见面与不可见面的分界线称为转向轮廓素线。画回转面的投影时，需画出回转面的转向轮廓素线和轴线的投影。

1. 圆柱

圆柱是由圆柱面、顶面和底面组成的。圆柱面是由直线绕与其平行的轴线旋转而成的。这条旋转的直线称为母线，圆柱面任一位置的母线称为素线。圆柱的投影如图 3.4 所示。

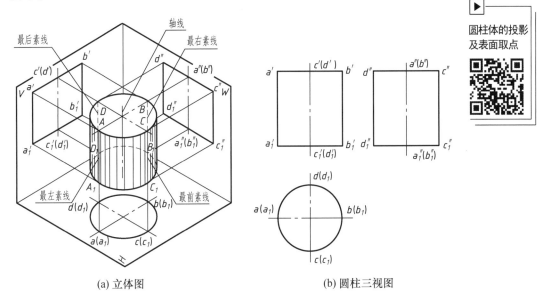

圆柱体的投影及表面取点

(a) 立体图　　　　　　　(b) 圆柱三视图

图 3.4　圆柱的投影

如图 3.4（a）所示，圆柱体的轴线为铅垂线，圆柱面垂直于 H 面，圆柱的顶面和底面是水平面。

圆柱的顶面和底面的水平投影反映实形圆，圆心是圆柱轴线的水平投影。画圆之前，应先画出水平和垂直的两条点画线，确定圆心位置。顶面和底面的正面投影积聚成两条直线段 $a'b'$ 和 $a_1'b_1'$，侧面投影积聚成两条直线段 $d''c''$ 和 $d_1''c_1''$；圆柱面垂直于 H 面，水平投影积聚成一个圆，圆柱的素线为铅垂线。正面矩形投影的 $a'a_1'$ 和 $b'b_1'$ 是圆柱面对正面投影的转向轮廓素线，它们是圆柱面上最左素线、最右素线的正面投影，也是正面投影可见的前半圆柱面与不可见的后半圆柱面的分界线。侧面矩形投影的 $c''c_1''$ 和 $d''d_1''$ 是圆柱面对侧面投影的转向轮廓素线，它们是圆柱面上最前素线、最后素线的侧面投影，也是侧面投影可见的左半圆柱面与不可见的右半圆柱面的分界线。在圆柱体的矩形投影中，需用点画线画出圆柱面轴线的投影。

（1）圆柱体三视图的作图步骤。

① 用点画线画出圆柱体各投影的轴线、中心线，根据圆柱体底面的直径绘制出水平投影圆。

② 根据圆柱的高度尺寸，画出圆柱顶面和底面有积聚性的正面投影、侧面投影。

③ 在正面投影中，画出圆柱最左素线、最右素线的投影；在侧面投影中，画出最前素线、最后素线的投影，如图 3.4（b）所示。

（2）在圆柱表面取点的作图步骤。

如图 3.5 所示，已知圆柱面上点 E 和点 F 的正面投影 e' 和（f'），画它们的水平投影和侧面投影。

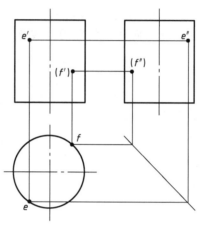

图 3.5　在圆柱表面取点

由 e' 可见，（f'）不可见，可知点 E 在前半个圆柱面上，点 F 在后半个圆柱面上。先由 e' 和（f'）引铅垂投影连线，在圆柱面有积聚性的水平投影上分别求出两点的水平投影 e 和 f。再利用点的投影规律，求出两点的侧面投影 e'' 和（f''），由水平投影可知点 E 在左半圆柱面上，点 F 在右半圆柱面上，故 e'' 可见，f'' 不可见，记为（f''）。

2. 圆锥

圆锥由圆锥面和底面围成。圆锥面是由直线绕与其相交的轴线旋转而成的，这条旋转的直线称为母线，圆锥面上任一位置的母线称为素线。圆锥的投影如图 3.6 所示。

如图 3.6（a）所示，圆锥的轴线为铅垂线，圆锥底面为水平面，圆锥面相对三个投影面都处于一般位置。

圆锥底面的水平投影反映实形，正面投影、侧面投影分别积聚成直线段。圆锥面的水平投影与底面水平投影重合，圆锥面的正面投影和侧面投影分别为等腰三角形。正面投影三角形的边线 $s'a'$ 和 $s'b'$ 是圆锥面对正面投影的转向轮廓素线，它们是圆锥面上最左素线和最右素线的正面投影，也是正面投影可见的前半圆锥面与不可见的后半圆锥面的分界线。侧面投影三角形的边线 $s''c''$ 和 $s''d''$ 是圆锥面对侧面投影的转向轮廓素线，它们是圆锥面上最前素线、最后素线的侧面投影，也是侧面投影可见的左半圆锥面与不可见的右半圆锥面的分界线。

（1）圆锥三视图的作图步骤。

① 用点画线画出圆锥各投影的轴线、中心线，根据圆锥底面的半径绘制出水平投影圆。

② 画出圆锥底面有积聚性的正面投影、侧面投影。

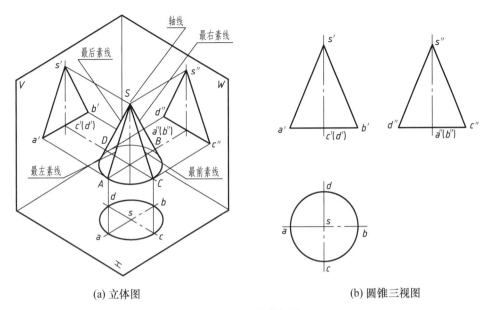

| (a) 立体图 | (b) 圆锥三视图 |

图 3.6　圆锥的投影

③ 根据圆锥的高度尺寸，画出锥顶的正面投影、侧面投影。

④ 在正面投影中，画出圆锥最左素线、最右素线的投影；在侧面投影中，画出最前素线、最后素线的投影，如图 3.6（b）所示。

（2）在圆锥表面取点的作图步骤。

如图 3.7 所示，已知圆锥面上点 K 的正面投影 k'，求作它的水平投影 k 和侧面投影 k''。

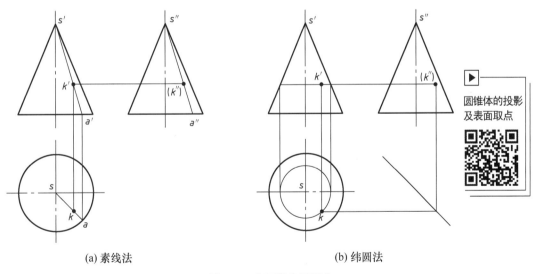

| (a) 素线法 | (b) 纬圆法 |

圆锥体的投影及表面取点

图 3.7　在圆锥表面取点

由于圆锥面的三个投影都不具有积聚性，因此在圆锥面上找点需作辅助线。在圆锥面上取点通常有两种作图方法——素线法和纬圆法。

① 素线法。如图 3.7（a）所示，由于 k' 可见，因此点 K 在前半圆锥面。首先，过锥顶及点 K 在圆锥面上画一条素线，连接 $s'k'$ 并延长交底圆于 a'，得素线的正面投影。其次，由 a' 向下作投影连线，与水平投影圆的交点为 a，连接 sa，得素线的水平投影，利用直线上点的投影特性，求得点 K 的水平投影 k。最后，由 k' 和 k 求出 (k'')。

因为圆锥面水平投影可见，所以 k 可见，又因为点 K 在右半圆锥面上，所以 k'' 不可见，标记为 (k'')。

② 纬圆法。如图 3.7（b）所示，过点 K 作垂直于轴线的水平圆，该圆称为纬圆，纬圆的正面投影和侧面投影都积聚成一条水平线段，积聚投影的长度为纬圆的直径。水平投影是底面投影的同心圆。过 k 作圆锥面上纬圆的正面投影，与最左素线、最右素线的交点间的距离为纬圆的直径，取半径在水平投影上画圆，可根据 k' 求出 k，再由 k' 和 k 求出 (k'')。

3. 圆球

圆球由球面围成，球面由圆的母线绕其直径旋转而成。

圆球的投影分别为三个与圆球直径相等的圆，这三个圆是球面三个方向转向轮廓素线的投影。圆球的投影如图 3.8 所示，

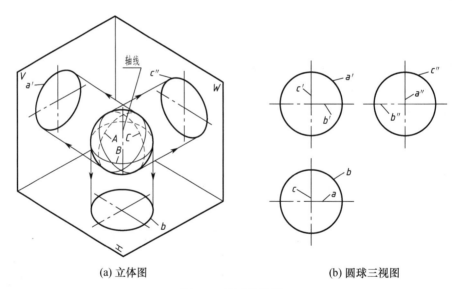

(a) 立体图　　　　　　　(b) 圆球三视图

图 3.8　圆球的投影

正面投影的转向轮廓素线是球面上平行于正面的最大圆 A 的正面投影，是前半球面与后半球面的分界线。水平投影的转向轮廓素线是球面上平行于水平面的最大圆 B 的水平投影，是上半球面与下半球面的分界线。侧面投影的转向轮廓素线是球面上平行于侧面的最大圆 C 的侧面投影，是左半球面与右半球面的分界线。在球的三面投影中，应分别用点画线画出中心线。

（1）圆球三视图的作图步骤。

① 用点画线画出圆球各投影的中心线。

② 根据圆球的半径，分别画出 A、B、C 三个圆的实形投影，如图 3.8（b）所示。

（2）在圆球表面取点的作图步骤。

在圆球表面取点如图 3.9 所示，已知球面上点 K 的正面投影 k'，画点 K 的水平投影和侧面投影。由于球面的三个投影都不具有积聚性，且母线不是直线，因此在圆球表面取点只能用纬圆法。作图步骤如下：过 k' 作水平圆的正面投影，与 A 圆的两个交点间的距离为纬圆的直径。取半径作水平圆的实形投影。因为 k' 可见，所以由 k' 引铅垂投影连线求出 k，再由 k' 和 k 求出 k''。因为点 K 在圆球的上方、前方、右方，所以 k 可见，k'' 不可见，标记为 (k'')。

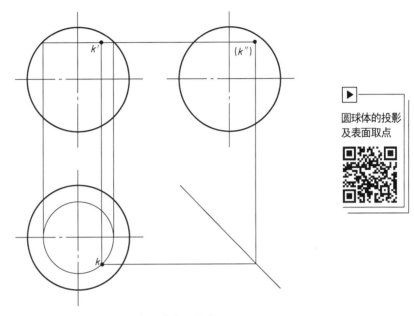

圆球体的投影及表面取点

图 3.9　在圆球表面取点

3.2　组合体三视图的画法

从形体角度看，任何复杂的物体都可以看成由一些基本体（柱、锥、球等）组成。由两个或两个以上基本体组成的物体称为组合体。

3.2.1　组合体的构成形式

组合体的构成形式有叠加式、切割式及综合式。

1. 叠加式组合体

叠加式组合体是由两个或两个以上基本体按不同形式叠加（包括叠合、相交和相切）而成的组合体，如图 3.10 所示。

2. 切割式组合体

切割式组合体是由一个基本体切割掉若干部分而形成的组合体，如图 3.11 所示，其中基本体为长方体。

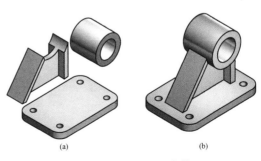

(a)　　　　　　(b)

图 3.10　叠加式组合体

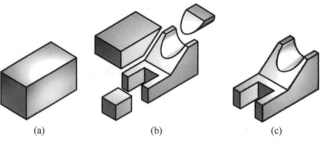

(a)   (b)   (c)

图 3.11　切割式组合体

3. 综合式组合体

综合式组合体是指形状比较复杂的形体，组合体的各组成部分之间既有叠加特征又有切割特征，如图 3.12 所示。

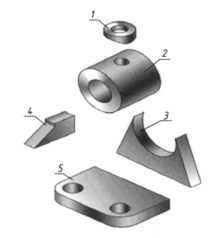

1—凸台；2—圆筒；3—支承板；4—肋板；5—底板

图 3.12　综合式组合体

3.2.2　组合体表面连接关系

1. 平行

（1）共面。当两个基本体表面平齐时，它们之间没有分界线，不应在视图上画线，如图 3.13 所示。

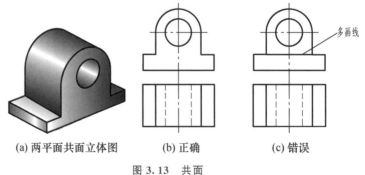

(a) 两平面共面立体图   (b) 正确   (c) 错误

图 3.13　共面

（2）不共面。当两个基本体表面不平齐时，它们之间有分界线，应在视图上画线，如图 3.14 所示。

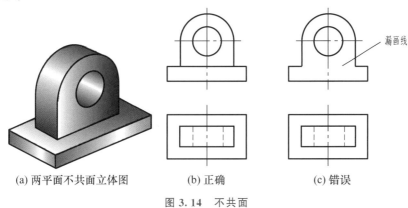

(a) 两平面不共面立体图   (b) 正确   (c) 错误

图 3.14　不共面

2. 相切

当两个基本体的连接表面（平面与曲面或曲面与曲面）光滑过渡时称为相切，相切处没有分界线，如图 3.15 所示。

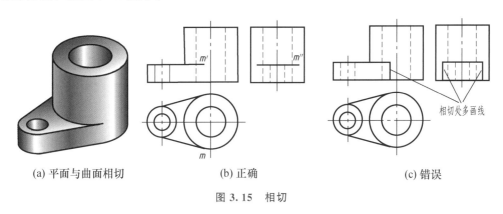

(a) 平面与曲面相切   (b) 正确   (c) 错误

图 3.15　相切

3. 相交

当两个基本体相交时，在立体的表面产生交线，画图时应画出交线的投影，如图 3.16 所示。

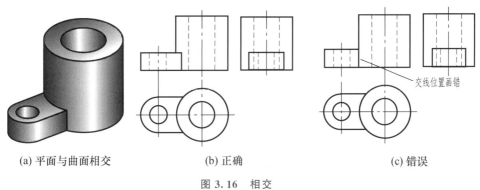

(a) 平面与曲面相交   (b) 正确   (c) 错误

图 3.16　相交

3.2.3 组合体三视图的画法

画组合体三视图时，先运用形体分析法，将组合体分解为若干基本体，分析各基本体的组合形式和相对位置，判断形体间相邻表面是否为共面、相切或相交的关系，再逐一绘制其三视图。必要时，还要对组合体中投影面的垂直面或一般位置平面及其相邻表面关系进行线面分析。

1. 形体分析

图 3.12 所示的轴承座可分解为五个部分。

2. 选择主视图

将轴承座按自然位置安放，按图 3.17 （a）所示的四个方向进行投射，比较所得的视图 [图 3.17 （b）]，确定主视图的投射方向。

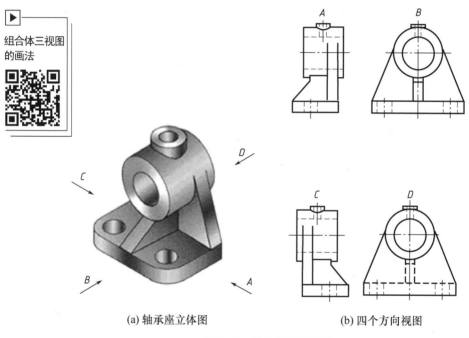

组合体三视图
的画法

(a) 轴承座立体图　　　　　　　(b) 四个方向视图

图 3.17　轴承座的主视图

若选择 D 向视图为主视图，则主视图的虚线多，没有 B 向视图清楚；若选择 C 向视图为主视图，则左视图的虚线多，没有 A 向视图好。由于 B 向投射能清楚地反映轴承座的形状特征及各组成部分的相对位置，比 A 向投射好，因此选择 B 向为主视图的投射方向。

3. 画图

（1）画基准线，如图 3.18 所示。

（2）画圆筒的三视图，如图 3.19 所示。

（3）画底板的三视图，如图 3.20 所示。

（4）画支承板的三视图，如图 3.21 所示。

（5）画凸台和肋板的三视图，如图 3.22 所示。

（6）画底板上的圆角和圆柱孔，检查，描深，底板上圆角和圆柱孔的三视图如图 3.23 所示。

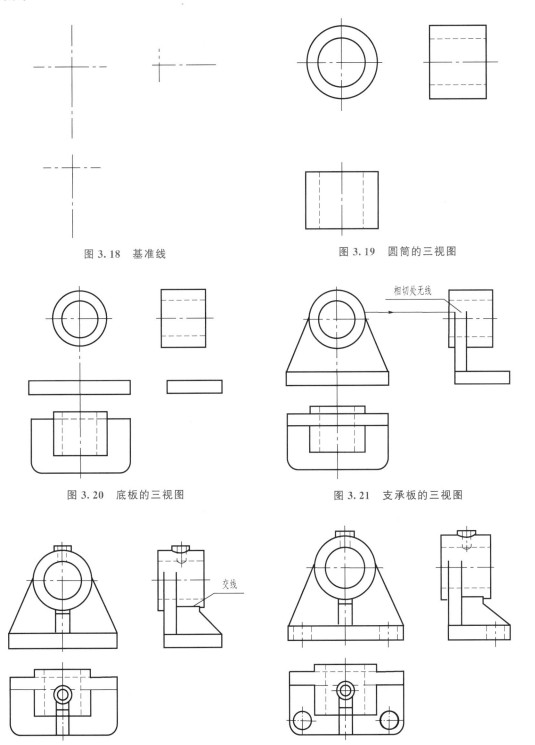

图 3.18　基准线

图 3.19　圆筒的三视图

图 3.20　底板的三视图

图 3.21　支承板的三视图

相切处无线

图 3.22　凸台和肋板的三视图

交线

图 3.23　底板上圆角和圆柱孔的三视图

3.2.4 读组合体的视图

画图是在平面上用正投影的方法表达物体，即实现空间到平面的转换；读图是根据平面视图想象出物体的空间形状，即实现平面到空间的转换。为了正确、迅速地读懂视图，想象出物体的空间形状，必须掌握读图的基本要领和基本方法，并通过反复实践，不断培养空间想象力，提高读图能力。

1. 读图要点

(1) 将多个视图联系起来读图。

在组合体的三视图中，每个视图只能表达物体长、宽、高三个方向中的两个方向，读图时，不能只看一个视图，要按"三等关系"把各视图联系起来看，切忌只看一个视图就下结论。一个视图不能唯一确定物体的形状，有时两个视图也不能确定组合体的形状。

(2) 抓特征视图，想象物体的形状。

抓特征视图就是抓物体的形状特征视图和位置特征视图。

① 形状特征视图。形状特征视图就是最能表达物体形状的视图。

② 位置特征视图。位置特征视图就是反映物体各组成部分的相对位置关系最明显的视图。读图时，应以位置特征视图为基础，想象各组成部分的相对位置。

特征视图是表达物体的关键视图，读图时，先找出物体的位置特征视图和形状特征视图，再联系其他视图，就能很容易地读懂视图，想象出物体的空间形状。

(3) 明确视图中线框和图线的含义。

视图中的封闭线框通常表示物体上一个表面（平面或曲面）或孔的投影。视图中的图线可能是平面或曲面的积聚性投影，也可能是线的投影。因此，只有将多个视图联系起来对照分析，才能明确视图中线框和图线的含义。

(4) 利用线段及线框的可见性，判断物体的形状。

① 利用交线的性质确定物体的形状。

② 利用线的虚实变化判断物体的形状。

2. 形体分析法

形体分析法是指首先从最能反映物体形状和位置、形状特征的视图入手，将复杂的视图按线框分成多个部分；其次运用三视图的投影规律，找出各线框在其他视图上的投影，从而分析各组成部分的形状及相对位置；最后综合起来，想象组合体的整体形状的方法。

利用形体分析法想象各物体的形状如图 3.24 所示。

(1) 从主视图入手，参照特征视图，分解物体。

(2) 对投影，想形状。利用"三等关系"，找出每个组成部分的三视图，想象出每个组成部分的空间形状。

(3) 综合起来想整体。根据每个组成部分的形状和相对位置、组合方式和表面连接关系，想象出组合体的形状。

3. 线面分析法

对于切割面较多的组合体，读图时，往往需要在形体分析法的基础上进行线面分析。线面分析法是指运用线、面的投影理论分析物体各表面的形状和相对位置，并在此基础上

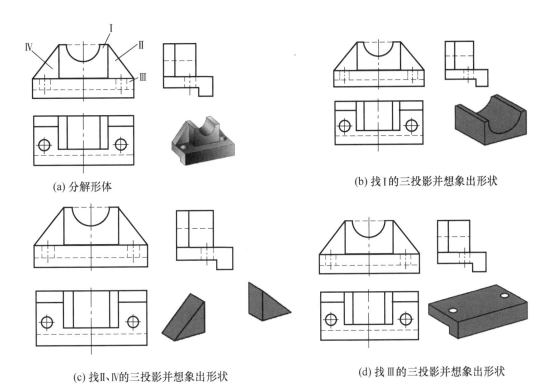

(a) 分解形体

(b) 找I的三投影并想象出形状

(c) 找II、IV的三投影并想象出形状

(d) 找III的三投影并想象出形状

图 3.24　利用形体分析法想象各物体的形状

综合想象出组合体形状的方法。

用线面分析法识读组合体的步骤如下。

（1）概括了解，想象切割前基本体的形状。

（2）运用线、面的投影特性，分析图线、线框的含义。

（3）综合想象组合体的形状。

压块的三视图如图 3.25 所示，利用线面分析法想象压块的形状如图 3.26 所示。

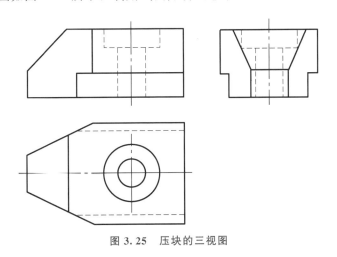

图 3.25　压块的三视图

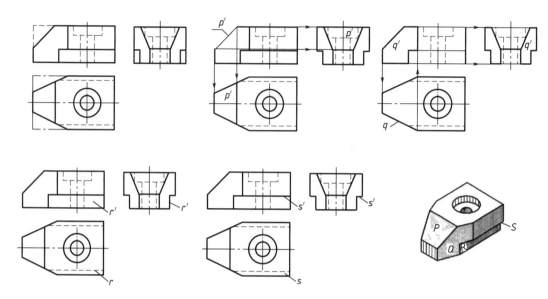

图 3.26　利用线面分析法想象压块的形状

3.3　平面与立体表面的交线

在机件中，常存在平面与立体、立体与立体相交产生的交线。其中，平面与立体相交产生的交线称为截交线，如图 3.27（a）所示；立体与立体相交产生的交线称为相贯线，如图 3.27（b）所示。

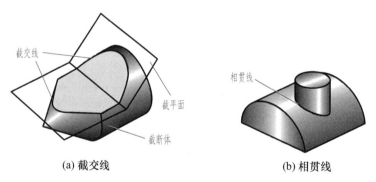

（a）截交线　　　　　　　　　　（b）相贯线

图 3.27　机件表面交线

3.3.1　平面立体的截交线

平面立体的截交线是一个多边形，多边形的顶点是平面立体的棱线或底边与截平面的交点，多边形的边是截平面与平面立体表面的交线。四棱锥被正垂面截切如图 3.28所示。

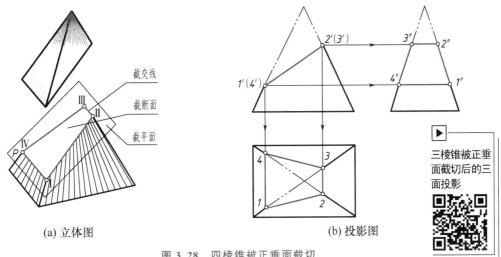

(a) 立体图   (b) 投影图

图 3.28　四棱锥被正垂面截切

截交线具有如下性质。

（1）表面性：由于截交线是截平面与立体表面的交线，因此截交线在立体表面上。

（2）共有性：截交线是截平面与立体表面的共有线，既在截平面上又在立体表面上，截交线上的点是截平面与立体表面的共有点。

（3）封闭性：因为立体表面是封闭的，所以截交线一般为封闭的平面图形。

1. 棱锥的截交线

画四棱锥被正垂面截切后的三面投影。

四棱锥被正垂面截切的立体图如图 3.28（a）所示，因为截平面 P 与四棱锥四个侧面相交，所以截交线为四边形，它的四个顶点为四棱锥的四条棱线与截平面 P 的交点 Ⅰ、Ⅱ、Ⅲ、Ⅳ。因为截平面 P 是正垂面，所以截交线四边形的四个顶点 Ⅰ、Ⅱ、Ⅲ、Ⅳ 的正面投影 $1'$、$2'$、$(3')$、$(4')$ 重合在截平面 P 上具有积聚性的投影上。

棱锥截交线的作图步骤如下。

（1）如图 3.28（b）所示，由 $1'$、$2'$、$(3')$、$(4')$ 利用直线上点的从属性，求出 1、2、3、4 和 $1''$、$2''$、$3''$、$4''$。

（2）依次连接各顶点的水平投影 1、2、3、4 和侧面投影 $1''$、$2''$、$3''$、$4''$，得截交线的水平投影和侧面投影。

（3）处理轮廓线。各侧棱线以交点为界，擦掉切除一侧的棱线，并将保留的轮廓线加深为粗实线。

2. 棱台的截交线

画带切槽的四棱台的俯视图如图 3.29 所示。

在带切槽的四棱台中，切槽由一个水平面和两个侧平面切割而成。水平面与四棱台前、后表面（侧垂面）及两个侧平面相交，截断面为矩形。两个侧平面左右对称，与四棱台前、后表面，四棱台顶面及水平面相交，由于四棱台前后对称，因此截断面为等腰梯形。画俯视图时，应在画出四棱台俯视图的基础上，正确画出各截断面的投影。

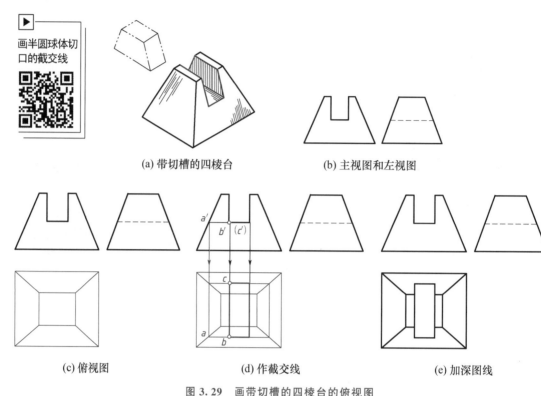

(a) 带切槽的四棱台　　　　　　(b) 主视图和左视图

(c) 俯视图　　　　　　　　(d) 作截交线　　　　　　　　(e) 加深图线

图 3.29　画带切槽的四棱台的俯视图

棱台截交线的作图步骤如下。

（1）画出四棱台的俯视图，如图 3.29（c）所示。

（2）作截交线。由于水平面与四棱台顶面、底面平行，因此其与四棱台各侧面产生的交线一定与四棱台顶面、底面的边线平行。在主视图上延长水平面的积聚投影，与四棱台左前侧棱线交于点 a'，利用直线上点的从属性求出俯视图上的点 a，并根据平行线的投影规律作出矩形。由主视图画投影连线，确定水平面与四棱台侧面交线的水平投影。两个侧平面在俯视图中的投影均积聚为直线段，其长度可由水平面的交线端点 B、C 确定，如图 3.29（d）所示。

（3）检查、加深图线。由于切槽时，四棱台底面及四条侧棱线均没有被切割，因此应加深为粗实线，台面部分的棱线被切割，需擦除，其余部分画成粗实线，如图 3.29（e）所示。

3.3.2　回转体的截交线

回转体的截交线一般是封闭的平面曲线，在特殊情况下为平面多边形。由于截交线上的任一点都可看作截平面与回转体素线（直线或曲线）的交点，因此，在回转体上作出适当数量的辅助线（素线或纬线），求出它们与截交线交点的投影，再依次连接成光滑曲线，得到截交线。

1. 圆柱体的截交线

圆柱体的截交线有三种形状，见表 3-1。

表 3-1　圆柱体的截交线

立体图	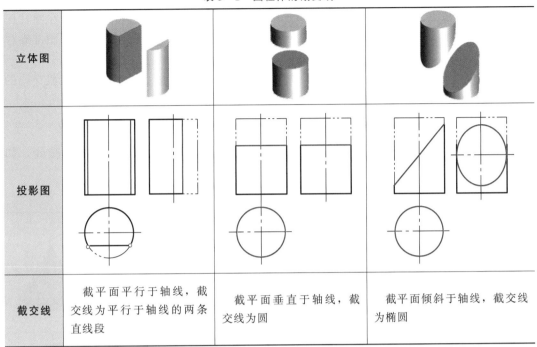		
投影图			
截交线	截平面平行于轴线，截交线为平行于轴线的两条直线段	截平面垂直于轴线，截交线为圆	截平面倾斜于轴线，截交线为椭圆

画圆柱体的截交线，如图 3.30 所示。

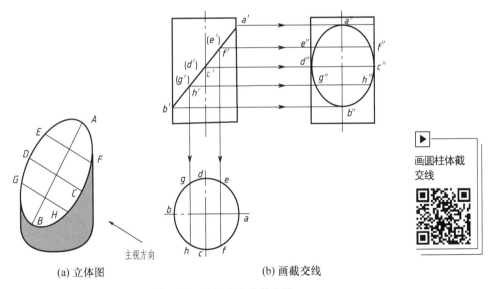

(a) 立体图　　　　(b) 画截交线

图 3.30　画圆柱体的截交线

（1）分析。根据积聚性，截交线正面投影积聚为直线段，水平投影在圆周上。

（2）作特殊点。以正面投影图上各转向轮廓素线上的 a'、b'、c'、(d') 为特殊点，由 A、B、C、D 四个点的正面投影和水平投影作出它们的侧面投影 a''、b''、c''、d''，并且点 A 是最高点，点 B 是最低点。分析圆柱截交线椭圆的长、短轴可知，垂直于正面的椭圆直径 CD 等于圆柱直径，是短轴；与它垂直的直径 AB 是椭圆的长轴，长、短轴的侧面投影

$a''b''$ 与 $c''d''$ 仍应相互垂直。

（3）作一般点。在主视图上取点 $f'(e')$、$h'(g')$，其水平投影 f、e、h、g 在圆柱面积聚性的投影上，因此，可求出侧面投影 f''、e''、h''、g''。一般取点数量根据作图准确程度的要求而定。

圆锥体截交线

（4）依次光滑连接 a''、e''、d''、g''、b''、h''、c''、f''、a''，得到截交线的侧面投影。

2. 圆锥体的截交线

圆锥体的截交线有五种形状，见表 3-2。画圆锥体的截交线，如图 3.31 所示。

表 3-2　圆锥体的截交线

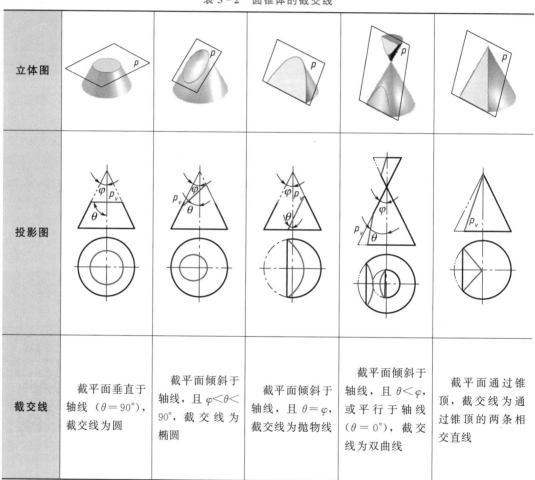

立体图					
投影图					
截交线	截平面垂直于轴线（$\theta=90°$），截交线为圆	截平面倾斜于轴线，且 $\varphi<\theta<90°$，截交线为椭圆	截平面倾斜于轴线，且 $\theta=\varphi$，截交线为抛物线	截平面倾斜于轴线，且 $\theta<\varphi$，或平行于轴线（$\theta=0°$），截交线为双曲线	截平面通过锥顶，截交线为通过锥顶的两条相交直线

因为正垂截平面与圆锥的轴线倾斜，且截平面与圆锥轴线的夹角大于圆锥的锥顶半角，所以截交线为椭圆，且截交线椭圆的正面投影与正垂截平面的积聚性投影直线重合，即截交线的正面投影已知，截交线的水平投影和侧面投影均为椭圆，但不反映实形。可应用在圆锥表面上取点的方法，求出椭圆上各点的水平投影和侧面投影，再依次光滑连接。

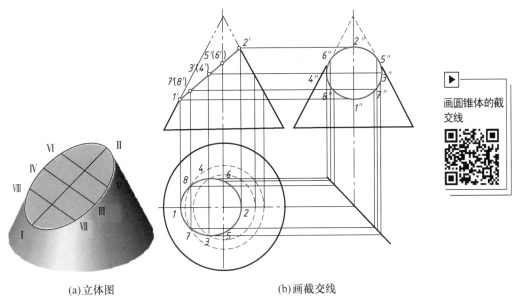

(a)立体图　　　　　　　　(b)画截交线

图 3.31　画圆锥体的截交线

圆锥体截交线的作图步骤如下。

（1）求特殊点。由正面投影可知，$1'$、$2'$ 分别是截交线上的最低（最左）、最高（最右）点Ⅰ、Ⅱ的正面投影，也是圆锥面最左素线、最右素线上的点，还是空间椭圆的长轴端点；取 $1'2'$ 的中点，得到空间椭圆短轴两端点Ⅲ、Ⅳ的重合的正面投影 $3'$（$4'$）；$5'$（$6'$）是截交线上在圆锥最前素线、最后素线上的点Ⅴ、Ⅵ的正面投影。这里点Ⅰ是最左点、最低点，点Ⅱ是最右点、最高点，点Ⅴ是最前点，点Ⅵ是最后点。根据在圆锥面取点的方法，分别求出六个特殊点的水平投影和侧面投影。

（2）求一般点。为了准确地画出截交线的投影，可求作一般点Ⅶ、Ⅷ，它们的正面投影重合，再根据纬圆法求出水平投影和侧面投影。

（3）判别可见性并连线。圆锥的上部被截切，截平面左低右高，截交线的水平投影和侧面投影均可见，用粗实线依次光滑连接各点的同面投影。

（4）分析圆锥的外形轮廓线。圆锥最前素线、最后素线的上部均被截切，其侧面投影应画到截切点 $5''$、$6''$ 为止。圆锥的底面圆没有被截切，其侧面投影是完整的，用粗实线画出。

3.3.3　相贯线

立体与立体相交称为相贯，相贯的两立体为一个整体，称为相贯体。两立体表面的交线称为相贯线，相贯线是两立体表面的共有线，也是分界线，相贯线上的点是两立体表面的共有点。常见的相贯体如图 3.32 所示。

1．相贯线的画法

相贯线是两个相贯体表面的交线，是由两个相贯体表面一系列共有点组成的。相贯线的形状取决于两个相贯体的形状、尺寸及相对位置。求作相贯线的实质就是求两个相贯体的表面共有线。

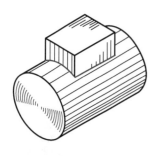

(a) 四棱柱与圆柱相贯

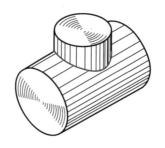

(b) 圆柱与圆柱相贯

(c) 圆柱与圆球相贯

图 3.32　常见的相贯体

画四棱柱与圆柱相贯的相贯线如图 3.33 所示。

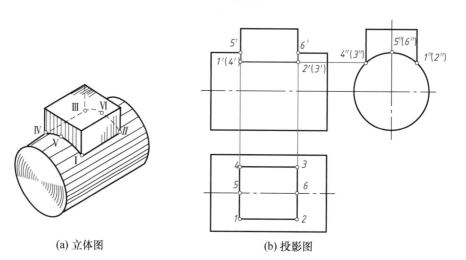

(a) 立体图　　　　　　　　(b) 投影图

图 3.33　画四棱柱与圆柱相贯的相贯线

四棱柱的前、后表面与圆柱轴线平行，其交线为两段与圆柱体轴线平行的线段ⅠⅡ、ⅢⅣ。四棱柱的左、右表面与圆柱轴线垂直，其交线为两段圆弧ⅠⅣ、ⅡⅥⅢ。依次连接各段交线，得到四棱柱与圆柱体相贯线。在俯视图中，相贯线与四棱柱侧棱面的投影重合，积聚在矩形线框上；在左视图中，相贯线与圆柱面的侧面投影重合，积聚在圆弧上。由于相贯线在俯视图和主视图中均为已知，因此，只需求作其主视图上的投影。

四棱柱与圆柱相贯的相贯线的作图步骤如下。

（1）画四棱柱前、后侧棱面与圆柱面的交线。由俯视图中的点 1、2、3、4 和左视图中的点 1″、（2″）、（3″）、4″，求出主视图上的 1′、2′、（3′）、（4′），两两连线，得到四棱柱前、后表面与圆柱面的交线。由于该形体为对称形体，因此 1′2′ 与（3′）（4′）重合。

（2）画四棱柱左、右侧棱面与圆柱面的交线。四棱柱的左、右表面与圆柱面的交线为两段圆弧ⅠⅣ、ⅡⅥⅢ，主视图为两段竖向直线段，由俯视图中的点 5、6 和左视图中的点 5″、6″求得对应主视图中的点 5′、6′，将点 5′ 与点 1′、（4′）连线，点 6′ 与点 2′（3′）连线即可。

画圆柱与圆柱相贯的相贯线如图 3.34 所示。

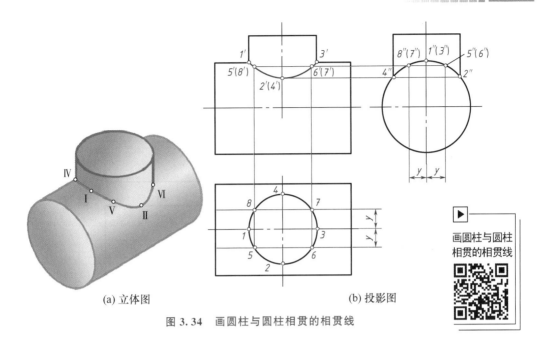

(a) 立体图　　　　　　　　(b) 投影图

画圆柱与圆柱相贯的相贯线

图 3.34　画圆柱与圆柱相贯的相贯线

　　圆柱与圆柱相贯如图 3.34（a）所示，两个直径不相等的圆柱相贯，且两个圆柱轴线垂直，相贯线为一条前后、左右都对称的封闭空间曲线。在俯视图中，相贯线与小圆柱面的积聚投影重合，积聚在圆形线框上；在左视图中，相贯线与大圆柱面的侧面积聚投影重合，积聚在一段圆弧上。由于相贯线在俯视图和左视图中均为已知，因此只需求作其主视图上的投影即可。

　　圆柱与圆柱相贯的相贯线的作图步骤如下。

　　（1）画特殊点。在俯视图中标注相贯线的最左点、最前点、最右点、最后点的投影 1、2、3、4，分别位于小圆柱面的最左素线、最前素线、最右素线和最后素线上。在左视图中，小圆柱面的四条转向轮廓素线与大圆柱面积聚投影的交点为 1″、2″、（3″）、4″，可知点Ⅰ、Ⅲ和点Ⅱ、Ⅳ分别是相贯线上的最高点和最低点。根据点的投影规律，求出主视图上的 1′、2′、3′、（4′），如图 3.34（b）所示。

　　（2）画一般点。先在相贯线的俯视图上确定点 5，利用 y 坐标值相等的投影关系，求出左视图中的点 5″，再由点 5 和点 5″求得点 5′。由于相贯线左右对称、前后对称，因此可以同时求得对称点 6′、（7′）、（8′）。

　　（3）连线并判别可见性。在主视图上，将相贯线上的各点按照俯视图中各点的排列顺序依次连接，即前半条 1′–5′–2′–6′–3′–（7′）–（4′）–（8′）–1′。前半条可见，画粗实线；后半条不可见，画虚线。由于相贯线前后对称，因此在主视图上的投影重合，连线为粗实线。

　　2. 相贯线的注意事项

　　圆柱与圆柱相贯是工程形体上常见的相贯体，求作相贯线时应注意以下几个方面：当两圆柱直径不相等时，其相贯线的投影总是向小圆柱轴线方向弯曲，在不致引起误解的情况下，可采用简化画法作图，即用圆弧代替相贯线。圆柱与圆柱相贯的画法如图 3.35 所示，以两轮廓线交点为圆心、R（较大圆柱体的半径）为半径画弧，交小圆柱轴线于 O

点，再以 O 点为圆心、R 为半径画弧。

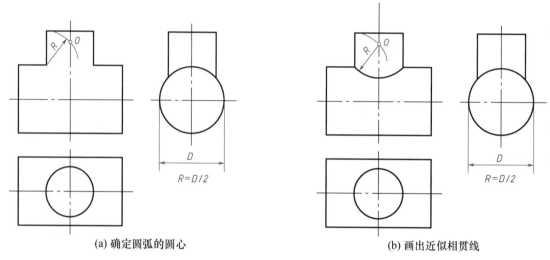

(a) 确定圆弧的圆心　　　　　　　(b) 画出近似相贯线

图 3.35　圆柱与圆柱相贯的画法

对于圆柱与圆柱相贯的相贯体，相贯线的形状取决于两圆柱直径的相对变化。垂直相贯两圆柱直径相对变化时的相贯线分析如图 3.36 所示。当两圆柱的直径不相等时，相贯线是相对大圆柱面轴线对称的两条空间曲线，垂直相贯两圆柱直径相对变化时的相贯线分析如图 3.36（a）和图 3.36（c）所示；当两圆柱的直径相等时，其相贯线是两条平面曲线——垂直于两相交轴线所确定平面的椭圆，垂直相贯两圆柱直径相对变化时的相贯线分析如图 3.36（b）所示。

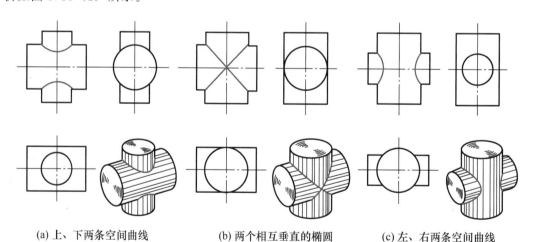

(a) 上、下两条空间曲线　　　(b) 两个相互垂直的椭圆　　　(c) 左、右两条空间曲线

图 3.36　垂直相贯两圆柱直径相对变化时的相贯线分析

3. 圆柱与圆柱相贯的三种形式

两圆柱外表面相交如图 3.37（a）所示，圆柱外表面与圆柱内表面相交如图 3.37（b）所示，两圆柱内表面相交如图 3.37（c）所示。它们虽然内、外表面不同，但由于两圆柱表面的尺寸和相对位置不变，因此交线的形状完全相同。

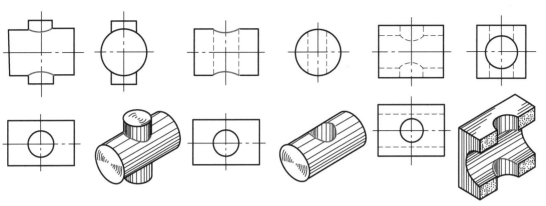

(a) 两圆柱外表面相交 (b) 圆柱外表面与圆柱内表面相交 (c) 两圆柱内表面相交

图 3.37 内外圆柱表面相交的相贯线分析

第4章

轴测图

 本章教学要点

知识要求	能力要求	相关知识
轴测图的 基本知识	1. 熟悉轴测图的形成。 2. 熟悉轴测图的种类。 3. 了解轴测图的基本性质	轴测图的形成，轴测图的种类，轴测图的基本性质
正等轴测图	1. 熟悉正等轴测图的形成及参数。 2. 掌握平面立体正等轴测图的画法。 3. 掌握圆的正等轴测图的画法。 4. 掌握曲面立体正等轴测图的画法。 5. 掌握组合体轴测图的画法	正等轴测图，平面立体正等轴测图，圆的正等轴测图，曲面立体正等轴测图，组合体轴测图
斜二轴测图	1. 熟悉斜二轴测图的形成及参数。 2. 掌握斜二轴测图的画法	斜二轴测图

轴测图起源于中国

轴测图是一种单面投影图，在一个投影面上同时反映出物体三个坐标面的形状，并接近人们的视觉习惯，形象、逼真，富有立体感。

"轴测"的本意是"沿着轴测量"，即通过平行投影产生的轴测图保留了真实的距离信息，可以通过尺度缩放和还原。

轴测图起源于我国，可以追溯到公元 950 年五代十国时期的界画。界画，顾名思义，是指用界尺辅助作画，画中的建筑用平行线推出，类似于我们今天所说的建筑轴测图。

北宋画家王希孟的《千里江山图》和张择端的《清明上河图》中的建筑也使用了类似于现在轴测图的画法。

4.1 轴测图的基本知识

多面正投影图能完整、准确地反映物体的形状和尺寸，且度量性好、作图简单，正投影图如图 4.1（a）所示；但立体感不强，只有具备一定读图能力的人才能看懂。

为了帮助看图，工程上还采用一种立体感较强的图——轴测图表达物体，如图 4.1（b）所示。轴测图是用轴测投影的方法画出的富有立体感的图形，接近人们的视觉习惯，但不能确切地反映物体的真实形状和尺寸，并且作图复杂，因而在生产中作为辅助图样，帮助人们读懂正投影图。

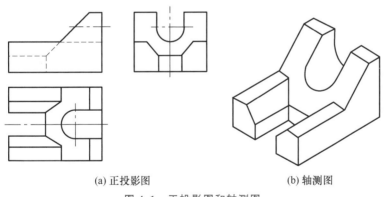

(a) 正投影图　　　　　　　　(b) 轴测图

图 4.1　正投影图和轴测图

4.1.1 轴测图的形成

将空间物体连同确定其位置的直角坐标系，沿不平行于任一坐标平面的方向，用平行投影法投射在选定的单一投影面上得到的富有立体感的图形，称为轴测投影图，简称轴测图。轴测图的形成如图 4.2 所示。

在轴测投影中，选定的投影面 P 称为轴测投影面；空间直角坐标轴 OX、OY、OZ 在轴测投影面上的投影 O_1X_1、O_1Y_1、O_1Z_1 称为轴测轴；两轴测轴之间的夹角

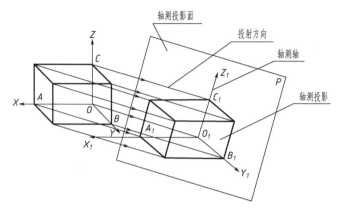

图 4.2　轴测图的形成

$\angle X_1 O_1 Y_1$、$\angle Y_1 O_1 Z_1$、$\angle X_1 O_1 Z_1$ 称为轴间角；轴测轴上的单位长度与空间直角坐标轴上对应单位长度的比值，称为轴向伸缩系数。OX、OY、OZ 轴的轴向伸缩系数分别用 p_1、q_1、r_1 表示。图 4.2 中，$p_1 = O_1 A_1 / OA$，$q_1 = O_1 B_1 / OB$，$r_1 = O_1 C_1 / OC$。

　　轴间角与轴向伸缩系数是绘制轴测图的两个重要参数。

4.1.2　轴测图的种类

1. 按照投影方向与轴测投影面的夹角分类

（1）正轴测图：轴测投影方向（投影线）与轴测投影面垂直时投影得到的轴测图。

（2）斜轴测图：轴测投影方向（投影线）与轴测投影面倾斜时投影得到的轴测图。

2. 按照轴向伸缩系数分类

（1）正（或斜）等轴测图：$p_1 = q_1 = r_1$，简称正（斜）等轴测图。

（2）正（或斜）二等轴测图：$p_1 = r_1 \neq q_1$，简称正（斜）二轴测图。

（3）正（或斜）三等轴测图：$p_1 \neq q_1 \neq r_1$，简称正（斜）三轴测图。

4.1.3　轴测图的基本性质

（1）物体上相互平行的线段，在轴测图中仍相互平行；物体上平行于坐标轴的线段，在轴测图中仍平行于相应的轴测轴，且同一轴向所有线段的轴向伸缩系数相等。

（2）物体上不平行于坐标轴的线段，可以用坐标法确定其两个端点后连线画出。

（3）物体上不平行于轴测投影面的平面图形，在轴测图中变成原形的类似形。例如，长方形的轴测投影为平行四边形，圆的轴测投影为椭圆等。

4.2　正等轴测图

4.2.1　正等轴测图的形成及参数

1. 形成

正等轴测图的形成如图 4.3（a）所示，如果使坐标轴 OX、OY、OZ 对轴测投影面处于相同倾角的位置，把物体向轴测投影面投影，则得到的轴测投影是正等轴测图。

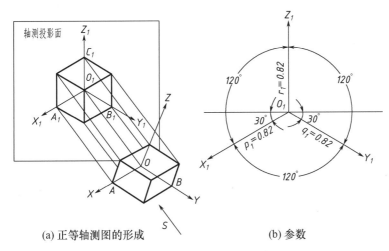

（a）正等轴测图的形成　　　　　（b）参数

图 4.3　正等轴测图的形成及参数

2. 参数

正等轴测图的参数如图 4.3（b）所示，轴间角均为 $120°$，且三个轴向伸缩系数相等。经推证并计算，可知 $p_1 = q_1 = r_1 = 0.82$。

为作图简便，画正等轴测图时，可采用 $p_1 = q_1 = r_1 = 1$ 的简化轴向伸缩系数，即沿各轴向的所有尺寸都为物体的实际长度。

4.2.2　平面立体正等轴测图的画法

长方体的正等
轴测图画法

1. 长方体的正等轴测图

根据长方体的特点，选择一个角顶点作为空间直角坐标系原点，并以过该角顶点的三条棱线为坐标轴。先画出轴测轴，再用各顶点的坐标分别定出长方体八个顶点的轴测投影，依次连接各顶点。

长方体的正等轴测图画法如图 4.4 所示。

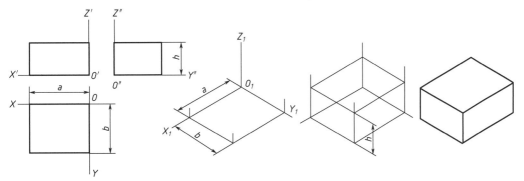

（a）选定原点和坐标轴的位置　　（b）画底面的轴测投影　　（c）画长方体顶面　　（d）长方体的正等轴测图

图 4.4　长方体的正等轴测图画法

（1）在正投影图上选定原点和坐标轴的位置，选定右侧后下方的顶点为原点，经过原点的三条棱线为 OX、OY、OZ 轴，如图 4.4（a）所示。

（2）画出轴测轴 O_1X_1、O_1Y_1、O_1Z_1。

（3）在 O_1X_1 轴上量取长方体的长度 a，在 O_1Y_1 轴上量取长方体的宽度 b，画出长方体底面的轴测投影，如图 4.4（b）所示。

（4）过底面各顶点向上作 O_1Z_1 的平行线，在各条线上量取长方体的高度 h，得到顶面上各点并依次连接，得长方体顶面，如图 4.4（c）所示。

（5）擦去多余图线并描深，得到长方体的正轴等测图，如图 4.4（d）所示。

2. 正六棱柱的正等轴测图

画轴测图的基本方法是坐标法，根据轴测投影规律和立体表面上各顶点的坐标值，按照"轴测"原理确定它们的轴测投影，连接各顶点，完成平面立体的轴测图。

正六棱柱的正等轴测图画法如图 4.5 所示。

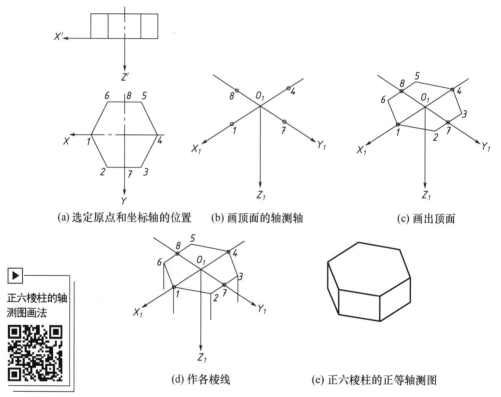

正六棱柱的轴测图画法

(a) 选定原点和坐标轴的位置　　(b) 画顶面的轴测轴　　(c) 画出顶面

(d) 作各棱线　　　　　　(e) 正六棱柱的正等轴测图

图 4.5　正六棱柱的正等轴测图画法

（1）选定原点和坐标轴的位置，原点和坐标轴的选择应以作图简便为原则，这里选定正六边形的中心为坐标原点，作轴测轴 O_1X_1、O_1Y_1、O_1Z_1，使三个轴间角均等于 $120°$，如图 4.5（a）和图 4.5（b）所示。

（2）画六棱柱顶面的轴测图，在正投影图上按 1:1 量取各边、各点的坐标，画出顶面，如图 4.5（c）所示。

（3）分别由各顶点沿 O_1Z_1 轴向下量取各点的 Z 坐标，作各棱线，得底面的轴测图，如图 4.5（d）所示。

（4）整理、描深，得正六棱柱的正等轴测图，如图 4.5（e）所示。

3. 三棱锥的正等轴测图

由于三棱锥由各种位置的平面组成，因此，作图时，可以先定出锥顶和底面的轴测投影，再连接各棱线。

三棱锥的正等轴测图画法如图 4.6 所示。

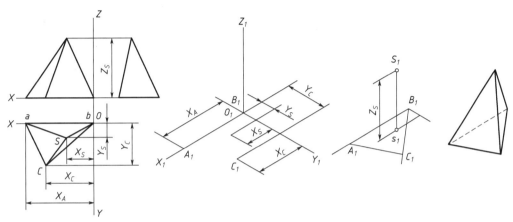

(a) 选定原点和坐标轴的位置　　　(b) 画轴测轴　　　(c) 定锥顶点　　　(d) 三棱锥的正等轴测图

图 4.6　三棱锥的正等轴测图画法

（1）在正投影图上选定原点和坐标轴的位置。考虑到作图方便，选择底面点 B 为坐标原点，并使 AB 与 OX 轴重合，如图 4.6（a）所示。

（2）画轴测轴 O_1X_1、O_1Y_1、O_1Z_1，如图 4.6（b）所示。

（3）根据坐标关系，画出底面各顶点和锥顶 S_1 在底面的投影 s_1。

（4）过 s_1 向上作 O_1Z_1 的平行线，在线上量取三棱锥的高度 h，得到锥顶点 S_1，如图 4.6（c）所示。

（5）依次连接各顶点，擦去多余图线并描深，得到三棱锥的正等轴测图，如图 4.6（d）所示。

注意以下两点。

（1）画平面立体的轴测图时，首先应选好坐标轴并画出轴测轴；其次根据坐标确定各顶点的位置；最后依次连线，完成整体的轴测图。具体画图时，应分析平面立体的形体特征，一般先画出物体上一个主要表面的轴测图，通常先画顶面，再画底面，有时需要先画前面，再画后面，或者先画左面，再画右面。

（2）为使图形清晰，在轴测图中，一般只画可见的轮廓线，避免用虚线表达。

4.2.3　圆的正等轴测图的画法

平行于坐标面的圆的正等轴测图都是椭圆，除了长、短轴的方向不同外，画法都是相同的。圆的各种正等轴测图如图 4.7 所示。

画圆的正等轴测图时，必须清楚椭圆的长、短轴方向。平行坐标面上圆的正等轴测图

如图 4.8 所示，椭圆长轴的方向与菱形的长对角线重合，椭圆短轴的方向垂直于椭圆的长轴，即与菱形的短对角线重合。

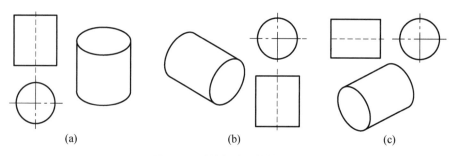

(a)   (b)   (c)

图 4.7　圆的各种正等轴测图

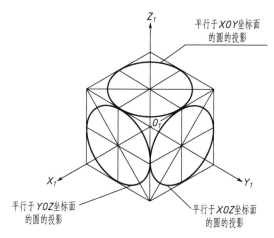

图 4.8　平行坐标面上圆的正等轴测图

综上所述，椭圆的长、短轴与轴测轴有关。

（1）圆所在平面平行于 XOY 面时，它的轴测投影——椭圆的长轴垂直于 O_1Z_1 轴，即成水平位置，短轴平行于 O_1Z_1 轴。

（2）圆所在平面平行于 XOZ 面时，它的轴测投影——椭圆的长轴垂直于 O_1Y_1 轴，即向右方倾斜，并与水平线成 60°，短轴平行于 O_1Y_1 轴。

（3）圆所在平面平行于 YOZ 面时，它的轴测投影——椭圆的长轴垂直于 O_1X_1 轴，即向左方倾斜，并与水平线成 60°，短轴平行于 O_1X_1 轴。

圆的正等轴测图概括如下：平行坐标面上的圆（视图上的圆）的正等轴测投影是椭圆，椭圆长轴垂直于不包括圆所在坐标面的轴测轴，椭圆短轴平行于该轴测轴。作图时，常用四段圆弧代替椭圆，即用四心法画椭圆。

下面以平行于 H 面（XOY 面）的圆（图 4.9）为例，说明圆的正等轴测图画法。

用四心法画圆的正等轴测图如图 4.10 所示，画出轴测轴 OX、OY 及椭圆长、短轴方向。在 OX、OY 轴上取 $AB=CD=d$，d 为圆的直径；以 A 点为圆心、AB 为半径画圆弧，与短轴交于 1 点，取对称点 2。连接 $A1$、$D1$，分别交长轴于 3、4 点；以 3、4 点为圆心，$A3$ 为半径画小圆弧，以 1、2 点为圆心，$A1$ 为半径画大圆弧，四段圆弧相切于 A、B、C、D 四点。

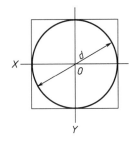
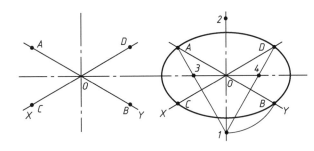

图 4.9　平行于 H 面的圆

图 4.10　用四心法画圆的正等轴测图

同理可知平行于 V 面（XOZ 面）的圆、平行于 W 面（YOZ 面）的圆的正等轴测图画法。

圆角的正等轴测图画法

4.2.4　曲面立体正等轴测图的画法

画曲面立体的正等轴测图的关键是掌握好圆的正等轴测图画法。圆台的正等轴测图画法如图 4.11 所示。

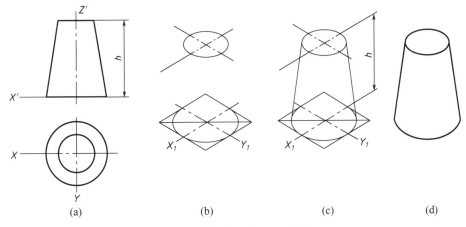

| (a) | (b) | (c) | (d) |

图 4.11　圆台的正等轴测图画法

根据圆台的直径和高度，先画出上、下底面的椭圆，再作椭圆的公切线（长轴端点连线），即转向轮廓素线。

由于圆角相当于四分之一的圆周，因此圆角的正等轴测图是近似椭圆的四段圆弧中的一段。圆角的正等轴测图画法如图 4.12 所示。

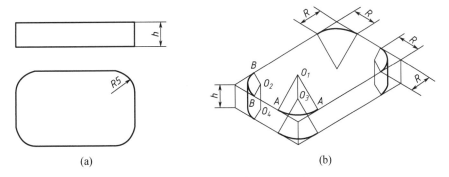

| (a) | (b) |

图 4.12　圆角的正等轴测图画法

（1）在角上分别沿轴向取一段长度等于半径 R 的线段，得 A、A 点和 B、B 点，过 A、B 点作相应边的垂线，分别交于 O_1 及 O_2。

（2）以 O_1 及 O_2 为圆心、O_1A 及 O_1B 为半径作弧，得顶面圆角的轴测图。

（3）将 O_1 及 O_2 点垂直下移，取 O_3、O_4 点，使 $O_1O_3 = O_2O_4 = h$（板厚）。以 O_3、O_4 点为圆心，作底面圆角的轴测图，再作上、下圆弧的公切线，完成作图。

在画曲面立体的正等轴测图时，要明确圆所在平面与哪个坐标面平行，以确保作出的椭圆正确。画同轴且相等的椭圆时，要善于应用移心法简化作图和保持图面清晰。

4.2.5　组合体轴测图的画法

画组合体的轴测图时，常用堆叠法、切割法、综合法。对于堆叠式组合体，可按各基本形体逐一画出轴测图，称为堆叠法。对于切割式组合体，先按完整形体画出，再用切割方法画出不完整的部分，称为切割法。对于既有堆叠又有切割的组合体，可组合使用上述两种方法，称为综合法。

支座的正等轴测图画法如图 4.13 所示。

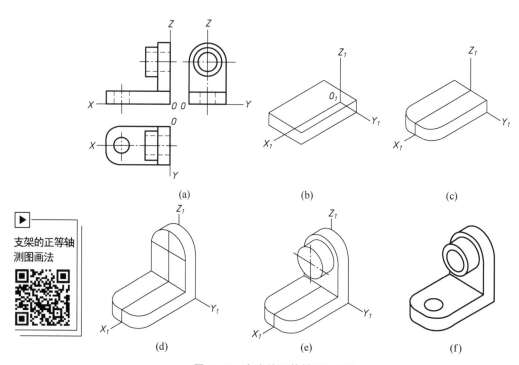

支架的正等轴测图画法

图 4.13　支座的正等轴测图画法

画两相交圆柱体的正等轴测图时，除了应注意各圆柱的圆所处的坐标面，掌握正等轴测图中椭圆的长、短轴方向，还要注意轴测图中相贯线的画法。作图时，可以运用辅助平面法（用若干辅助截平面）切割两个圆柱，使每个平面与两圆柱相交于素线或圆周，这些素线或圆周彼此的交点就是所求相贯线上各点的轴测投影。

4.3 斜二轴测图

4.3.1 斜二轴测图的形成及参数

1. 形成

形体上的一个坐标面与轴测投影面（轴测图的投影面）平行，用平行投影法中的斜投影法进行投影，在一个轴测投影面上得到的投影称为斜二轴测图。斜二轴测图的形成如图4.14所示。

由于斜二轴测图的形成特点，轴测投影面与形体上的一个坐标面平行，在斜二轴测图中，一个面的形状与三视图的投影形状完全相同，因此用斜二轴测图表达某个坐标面的形状较复杂的形体时，作图简便、快捷。

2. 参数

由于绘制斜二轴测图形体上的一个坐标面与轴测投影面平行，因此该形体坐标面上的图形反映实形，坐标轴相互垂直。例如坐标面选 XOY，即 $\angle XOZ = 90°$，$p = r = 1$，OY 轴方向 $\angle YOZ = 135°$，$q = 0.5$，画图时牢记斜轴尺寸缩小一半，轴间角和轴向伸缩系数如图4.15所示。

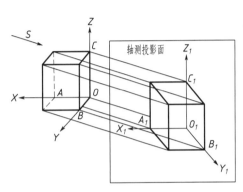

图 4.14 斜二轴测图的形成

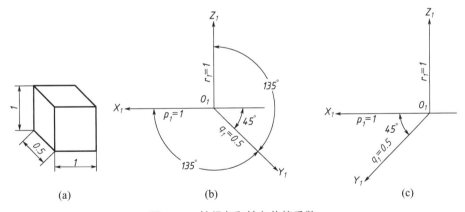

(a)   (b)   (c)

图 4.15 轴间角和轴向伸缩系数

4.3.2 斜二轴测图的画法

斜二轴测图的画法与正等轴测图的画法相似，区别在于轴间角不同，以及斜二轴测图沿 O_1Y_1 轴的尺寸为实际长度的一半。在斜二轴测图中，因为物体上平行于 XOZ 面的直线和平面图形均反映实长和实形，所以，当物体上有较多圆或曲线平行于 XOZ 面时，采用斜二轴测图比较方便。

画斜二轴测图时，选择轴测轴是关键，因为斜二轴测图中的三个坐标角度不相等，轴夹角为 90° 的坐标面上的图形为实形，另两个轴夹角为 135° 的坐标面上的图形，斜轴尺寸缩小一半，所以，画斜二轴测图时应注意斜轴的选择。

（1）选择垂直坐标面。

由于斜二轴测图的两个垂直坐标反映实长，投影面反映实形，因此，画斜二轴测图时，应尽量把形状复杂的平面选作前面，使作图简便。

（2）选择斜轴方向。

选择斜轴方向时，与 OX、OY 轴倾斜 45° 有四个方向可以选择，要选择能看到形体结构的方向，以便清晰表达形体。斜二轴测图的斜方向选择比较如图 4.16 所示，因为图 4.16（c）同时反映的面最多（6 个），结构表达更加清晰、全面，所以选择图 4.16（c）所示斜轴方向。

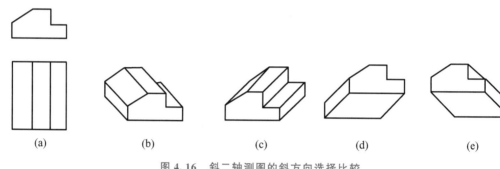

|(a)|(b)|(c)|(d)|(e)|

图 4.16　斜二轴测图的斜方向选择比较

1. 画正四棱台的斜二轴测图

正四棱台的斜二轴测图画法如图 4.17 所示。

斜二轴测图的画法

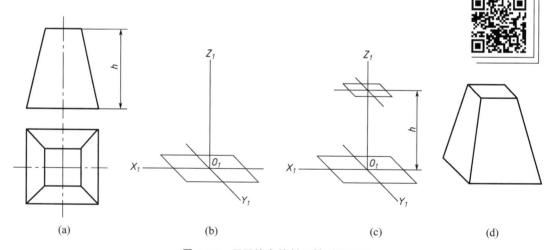

|(a)|(b)|(c)|(d)|

图 4.17　正四棱台的斜二轴测图画法

（1）画轴测轴 O_1X_1、O_1Y_1、O_1Z_1。

（2）作出底面的轴测投影：在 O_1X_1 轴上按 1:1 截取，在 O_1Y_1 轴上按 1:2 截取，如图 4.17（b）所示。

（3）在 O_1Z_1 轴上量取正四棱台的高度 h，作出顶面的轴测投影，如图 4.17（c）所示。

（4）依次连接顶面与底面相应的各点，得到侧面的轴测投影，擦去多余图线并描深，得到正四棱台的斜二轴测图，如图 4.17（d）所示。

2. 画圆台的斜二轴测图

圆台的斜二轴测图画法如图 4.18 所示。

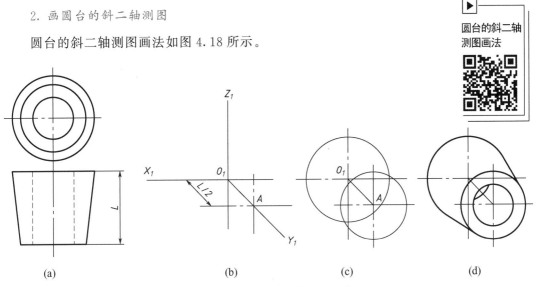

图 4.18　圆台的斜二轴测图画法

（1）画轴测轴 O_1X_1、O_1Y_1、O_1Z_1，在 O_1Y_1 轴上量取 $L/2$，定出前端面的圆心 A，如图 4.18（b）所示。

（2）作出前、后端面的轴测投影，如图 4.18（c）所示。

（3）作出两端面圆的公切线及前孔口和后孔口的可见部分。

（4）擦去多余图线并描深，得到圆台的斜二轴测图，如图 4.18（d）所示。

注意如下两点。

（1）只有平行于 XOZ 面的圆的斜二轴测投影才反映实形，仍然是圆。

（2）平行于 XOY 面和 YOZ 面的圆的斜二轴测投影都是椭圆，其画法比较复杂，此处不作介绍。

第5章
机件的图样画法

本章教学要点

知识要求	能力要求	相关知识
视图	1. 熟悉基本视图。 2. 熟悉向视图。 3. 熟悉局部视图。 4. 熟悉斜视图	基本视图，向视图，局部视图，斜视图
剖视图	1. 熟悉剖视图的形成。 2. 掌握剖视图的画法。 3. 熟悉剖视图的种类。 4. 熟悉剖切平面的选用	剖视图的形成，剖视图的画法，剖视图的种类，剖切平面的选用
断面图	1. 掌握移出断面图的画法。 2. 掌握重合断面图的画法	移出断面图，重合断面图
其他表示法	1. 熟悉局部放大图。 2. 熟悉简化画法	局部放大图，简化画法
第三角画法	了解第三角画法	第三角画法

导入案例

伺服阀设计缺陷导致空难

1991年3月3日9时40分，从丹佛起飞的美国联合航空公司585号航班即将到达目的地——科罗拉多州的斯普林斯市，这是一架波音737型飞机。当天天气良好，没有影响飞行安全的情况。但就在机场塔台看见飞机时，飞机发生剧烈晃动，随即向右翻滚，以近乎垂直的角度冲向地面。不到10秒，飞机上的20名乘客和5名机组人员全部遇难。

调查人员在排除了机组操控、机械故障、天气影响等可能的坠机原因后，开始把注意力转向控制方向舵的一个伺服阀。他们发现液压油中漂浮着一些金属碎片，可能会阻塞伺服阀，使方向舵锁死。但这个如同小型手电筒般的伺服阀通过了无数次检测，没有发现问题。美国国家运输安全委员会对585号航班事故进行了21个月的详细调查，一无所获，前后共发布四次没有结论的调查报告。

就在第四份报告公布近两年后，噩梦重演了。一个晴朗无风的傍晚，美国全美航空公司427号航班在接近目的地——匹兹堡准备着陆时，突然向左翻滚下坠，与585号航班的情况相同，飞机上的乘客和机组人员全部遇难。这几乎是两起互为翻版的空难，调查人员重新锁定方向舵上的伺服阀，认为如果有金属碎片进入，则会留下细小的划痕，但多次试验后发现，没有这种划痕，说明制造商关于过滤网会过滤金属碎片的说法是正确的。这次调查还是一无所获。

转折出现在585号航班事故发生近五年后，1996年6月9日，美国东风航空公司的一架波音737型飞机（517号航班）接近里士满时，突然向右翻转，飞行员踩下踏板试图纠正时，踏板纹丝不动。数秒后，这股"神秘力量"放开了飞机，飞机自行恢复水平飞行。片刻后，第二次"袭击"发生了，飞机再次向右倾斜，随即自行恢复，所幸没有发生第三次翻转，最终517号航班安全着陆。

因为故障飞机保持完好，机组人员能清晰、详细地描述遇到的状况，所以调查人员获得一个极好的机会深入调查，这次调查直接针对方向舵。1996年8月26日，调查人员对427号航班的方向舵伺服阀进行"热冲击"实验，首先将其浸没于干冰中，然后用氮气吹，以模拟零下40°的高空环境，接着放入超高温的液压油中，随即施加指令让它运转，过一会儿它完全停下了，但并没有人给它停止的指令。拆开伺服阀后，人们发现里面仍然没有划痕。实验证明：控制方向舵的伺服阀在特定环境下会阻塞，且不会留下划痕。波音公司的测试发现了更严重的问题，这个伺服阀可能发生"倒转"现象，也就是当飞行员想向左时，它可能会让飞机向右。

波音公司最终重新设计了方向舵的伺服阀，并替换了全球数千架波音737型飞机的隐患部件，此类事故没有再重演。

5.1　视　　图

视图是指用正投影法将机件向投影面进行投影得到的图形。

视图一般只画出机件的可见部分，主要用于表达机件的外形，必要时用虚线画出不可

见的部分。视图可分为基本视图、向视图、局部视图和斜视图。

5.1.1 基本视图

基本视图是将机件向基本投影面投射得到的视图。

当机件的形状比较复杂，且三视图不能准确、完整、清晰地表达其外部形状和结构时，需要在原来三个投影面的基础上添加三个投影面，此时六个投影面形成了一个六面体，六面体的六个面称为基本投影面。将机件置于六面体内，分别向六个基本投影面进行投影，得到的六个视图称为基本视图。基本视图如图 5.1 所示。

六个基本投影面的展开方法如下：正投影面不动，其余各投影面按照图 5.1 中箭头所指方向展开。展开后，六个基本视图的配置关系如图 5.2 所示。

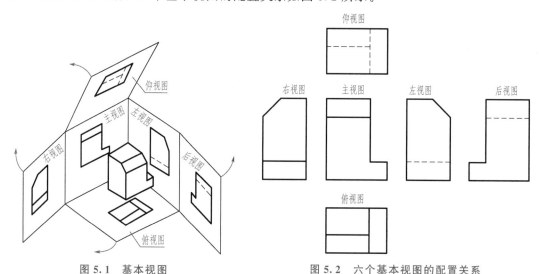

图 5.1　基本视图　　　　　　　图 5.2　六个基本视图的配置关系

基本视图的应用原则如下。

（1）当各视图按照基本视图的配置关系配置时，称为基本配置位置，不标注视图的名称。

（2）六个基本视图之间遵循"长对正、高平齐、宽相等"原则。

（3）当基本视图按照投影规律摆放时，以主视图为基准，除后视图外，其他视图靠近主视图的为机件的后面，远离主视图的为机件的前面。

（4）虽然国家标准中规定了六个基本视图，但在实际应用中不是每次都要绘制六个基本视图，在表达完整、正确、清晰的前提下，视图越少越好。一般情况下，优先选用主视图、俯视图、左视图。任何机件的表达都必须有主视图。

（5）一般用虚线表示机件不可见的内、外结构，若这些结构在其他视图中已经表达清楚，则该视图的虚线可以省略不画，否则必须画出。

5.1.2 向视图

向视图是可以自由配置的视图，是基本视图的另一种表达形式。在实际绘图过程中，为了合理利用图纸幅面，基本视图可以不按规定的位置配置，使用向视图。

1. 向视图的标注

在向视图的上方标注"X"（"X"为大写拉丁字母），在相应视图附近用箭头表示投射方向并标注相同字母"X"。向视图及其标注如图 5.3 所示。

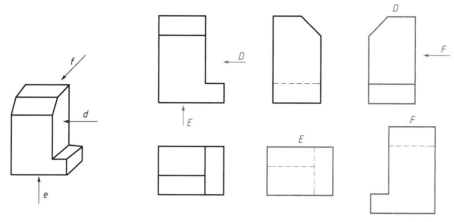

图 5.3 向视图及其标注

2. 投射箭头位置

表示投射方向的箭头应尽可能配置在主视图上，只有表示后视图投射方向的箭头才可配置在其他视图上。

5.1.3 局部视图

将机件的某部分向基本投影面投射得到的视图称为局部视图。局部视图的配置和标注如图 5.4 所示，只用主视图与俯视图表达机件时，A、B 两个方向凸起部分不能表达清楚，可采用 A、B 两个局部视图表达。

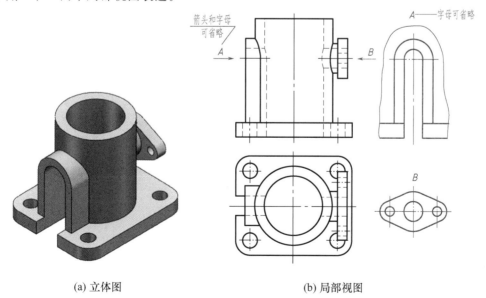

(a) 立体图   (b) 局部视图

图 5.4 局部视图的配置和标注

局部视图的应用原则如下。

（1）局部视图一般需要标注投射方向和视图名称，当按基本视图位置配置且中间没有其他图形隔开时，不必标注，字母及箭头都可省略。

（2）局部视图也可按向视图的配置形式配置在合适位置，此时需要在局部视图的上方标注大写拉丁字母"X"，在相应的视图附近用箭头指明投影方向，并标注相同字母，即标注视图名称及投射方向。

（3）局部视图断裂处的边界线用波浪线或双折线表示。当表达的局部结构完整且外形轮廓线呈封闭状态时，波浪线可省略不画。

5.1.4 斜视图

将机件向不平行于任何基本投影面的平面投影得到的视图称为斜视图，如图 5.5（a）所示。

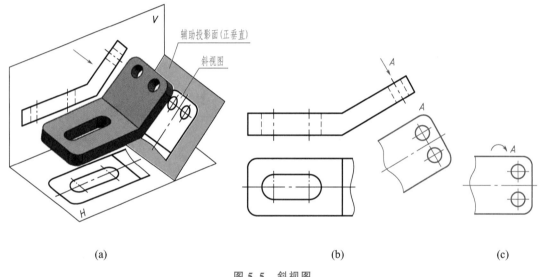

(a)   (b)   (c)

图 5.5　斜视图

斜视图的应用原则如下。

（1）由于斜视图只表达机件倾斜部分的实际形状，其余部分省略不画，因此要用波浪线断开，如图 5.5（b）所示。

（2）斜视图一般按照投影关系进行配置，并且在斜视图的上方标注名称，必要时可以配置在图纸的其他位置，在不引起误解的前提下，可以旋转摆正，标注时需要标注旋转符号，如图 5.5（c）所示。

5.2　剖　视　图

当零件的内部结构比较复杂时，视图中用于表达内部结构的虚线比较多，这些虚线与实线相互交错重叠，既影响图形的清晰度，又不便于标注尺寸，此时可用剖视图表达零件的内部结构。

5.2.1 剖视图的形成及画法

1. 剖视图的形成

假想用剖切平面剖开物体，移去剖切平面与观察者之间的部分，将其余部分向投影面投影得到的图形称为剖视图，简称剖视。剖视图的形成如图 5.6 所示。

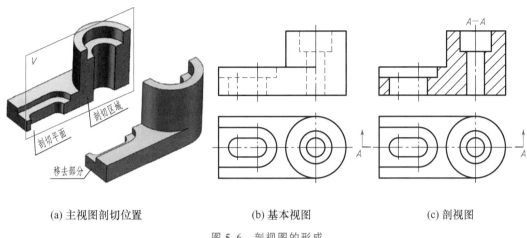

| (a) 主视图剖切位置 | (b) 基本视图 | (c) 剖视图 |

图 5.6　剖视图的形成

主视图剖切位置如图 5.6 (a) 所示。在基本视图中，用虚线表达机件内部结构，如图 5.6 (b) 所示，不够清晰。按照剖视图的形成方法，假设沿机件前后对称平面把它剖开，移去剖切平面与观察者之间的部分，将其余部分向正投影面投影，得到剖视图，如图 5.6 (c) 所示。

2. 剖面符号

画剖视图时，首先选择适当的剖切位置，使剖切平面尽量通过较多内部结构（孔、槽等）的轴线或对称平面，并平行于选定的投影面。其次，剖开机件后，在剖切平面后面的所有可见轮廓线都应画齐，不得遗漏。最后，为了区分空心部分与实心部分，在机件与剖切平面接触的部分画出剖面符号。部分材料的剖面符号见表 5-1。

表 5-1　部分材料的剖面符号

金属材料（已规定剖面符号的除外）		非金属材料（已规定剖面符号的除外）	
混凝土		钢筋混凝土	
型砂、填砂、粉末冶金、砂轮、陶瓷刀片、硬质合金刀片等		砖	

续表

玻璃及观察用的其他透明材料			格网（筛网、过滤网）	
木材	纵剖面		液体	
	横剖面			

3. 剖视图的标注

剖视图的标注包括三部分：剖切平面的位置、投影方向和剖视图的名称。在剖视图中，用剖切符号（粗短线）标明剖切平面的位置，并标注大写拉丁字母；用箭头指明投影方向；在剖视图上方用相同字母标注剖视图的名称"$X—X$"。

4. 画剖视图注意的问题

（1）由于剖切是假想的，因此当将机件的某个视图画成剖视图时，其他视图仍按完整的形状画出。

（2）剖视图中一般不画虚线，但如果画少量虚线可以减少视图且不影响剖视图的清晰度，可以画虚线。

（3）剖开机件后，凡是看得见的轮廓线都应画出，不得遗漏。要仔细分析剖切平面后面的结构，分析有关视图的投影特点，以免画错。

5. 画剖视图的方法与步骤

如图 5.7 所示，画机件剖视图的方法与步骤如下。

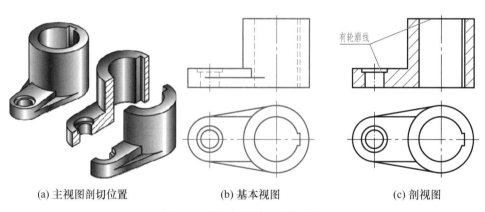

(a) 主视图剖切位置 　　(b) 基本视图 　　(c) 剖视图

图 5.7　画剖视图的方法与步骤

（1）画机件的基本视图。根据机件的结构和形状特点，画出机件的基本视图，如图 5.7（b）所示。

（2）确定剖切平面的位置。如图 5.7（b）所示，选择通过机件上孔和槽的前后对称面为剖切平面。

（3）画出剖视图。剖切平面与机件表面的交线及剖切平面后面的可见轮廓线都用粗实线画出；剖切平面后面的不可见部分，如果在其他视图中已经表达清楚，则在剖视图上一般不再画虚线，如图 5.7（c）所示。

（4）画剖面符号。在剖切平面与机件接触面区域画出相应材料的剖面符号，如图 5.7（c）所示。

（5）标注剖视图。由于该机件的剖切平面通过机件的对称平面，且剖视图按投影关系配置，中间没有其他图形隔开，因此可省略标注。

5.2.2 剖视图的种类

1. 全剖视图

用剖切平面将机件全部剖开后投影得到的剖视图称为全剖视图，如图 5.7（c）所示。全剖视图一般用于表达外部形状比较简单、内部结构比较复杂的机件。

2. 半剖视图

当机件具有对称平面时，以对称中心线为界，在垂直于对称平面的投影面上投影得到的，由半个剖视图和半个视图合并组成的图形称为半剖视图，如图 5.8 所示。

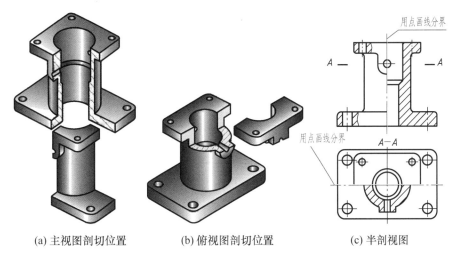

(a) 主视图剖切位置　　　　(b) 俯视图剖切位置　　　　(c) 半剖视图

图 5.8　半剖视图的形成

由于半剖视图既充分表达了机件的内部结构，又保留了机件的外部形状，因此具有内外兼顾的特点。但半剖视图只适合表达对称的或基本对称的机件。

画半剖视图时应注意以下几点。

（1）具有对称平面的机件，在垂直于对称平面的投影面上宜采用半剖视图。当机件的形状接近对称，且不对称部分另有视图表达时，也可以采用半剖视图。

（2）半个剖视图和半个视图必须以点画线为界。如果作为分界线的点画线刚好与轮廓线重合，则不能采用半剖视图。

（3）因为半剖视图同时兼顾零件的内、外形状的表达，所以在表达外形的一半视图中，不必画出表达零件内部形状的细虚线。

3. 局部剖视图

将机件局部剖开后投影得到的剖视图称为局部剖视图。局部剖视图是在同一视图上同时表达内外形状的方法，并且用波浪线作为剖视图与视图的界线。图5.9所示为局部剖视图的形成。

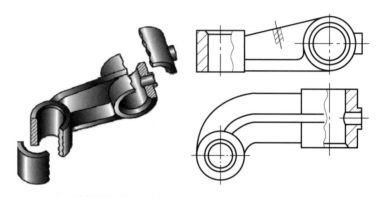

(a) 主、俯视图的剖切位置　　　　　　　(b) 局部剖视图

图5.9　局部剖视图的形成

局部剖视图是一种比较灵活的表达方法，剖切范围根据实际需要确定。使用局部剖视图时要考虑看图方便，剖切不要过于零碎，因此局部剖视图适用于机件只需表达局部内形，不必或不宜采用全剖视图时或者不对称机件同时表达内、外形状时。

表示视图与剖视范围的波浪线可看作机件断裂痕迹的投影。画波浪线时应注意以下几点。

（1）波浪线不能直接穿过孔或槽，当遇到孔、槽等结构时，必须断开，如图5.10（b）中的1处所示。

（2）波浪线不能画在轮廓线的延长线上或与图形上其他图线重合，也不能超出视图的轮廓线，如图5.10（b）中的2处和3处所示。

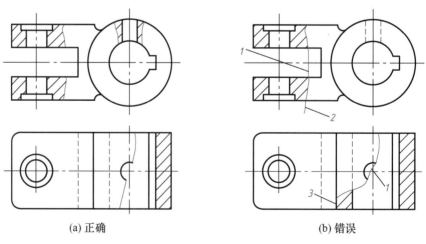

(a) 正确　　　　　　　　　　　　　　(b) 错误

图5.10　局部剖视图波浪线的应用

局部剖视图的标注方法与全剖视图相同，如局部剖视图的剖切位置非常明显，则可以不标注。

5.2.3 剖切平面的选用

剖视图是假想将机件剖开得到的视图，因为机件内部形状多样，所以剖开机件的方法不尽相同，常用的有单一剖切平面、几个平行的剖切平面和几个相交的剖切平面三种。

1. 单一剖切平面

当机件的内部结构位于一个剖切平面上时，可选用单一剖切平面剖开机件。单一剖切平面可以是平行于基本投影面的剖切平面，也可以是不平行于基本投影面的斜剖切平面，如图 5.11 中的 B—B 视图所示。

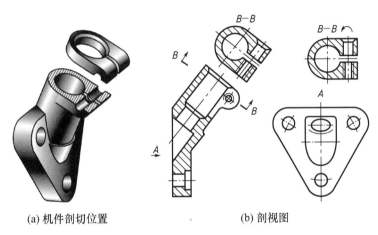

(a) 机件剖切位置　　　　　　　　　(b) 剖视图

图 5.11　单一剖切平面

前面介绍的全剖视图、半剖视图、局部剖视图都是用单一剖切平面剖切得到的，可见这种方法应用最广。

由单一斜剖切平面得到的剖视图，一般配置在与倾斜部分保持投影关系的位置。但在不致引起误解的情况下，为了看图方便，允许将图形旋转配置，此时必须加注旋转符号。

2. 几个平行的剖切平面

当机件内部具有多种结构要素（如孔、槽等），且它们的中心线排列在多个相互平行的平面上时，宜用几个平行的剖切平面剖开机件。用几个平行的剖切平面剖开机件的方法称为阶梯剖。用两个平行的剖切平面将图 5.12 所示的机件剖开，得到 A—A 剖视图。

绘制被几个平行的剖切平面剖切的剖视图时，应注意以下几点。

（1）为了表达孔、槽等内部结构的实形，几个剖切平面应同时平行于同一个基本投影面。

（2）由于两个剖切平面的转折处不能画分界线，因此要选择一个恰当的位置，在剖视图上不致出现孔、槽等结构的不完整投影。当它们在剖视图上有共同的对称中心线和轴线时，可以各画一半，此时的细点画线就是分界线。

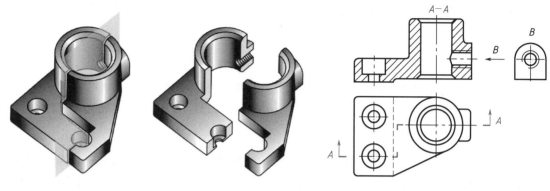

(a) 平行平面剖切位置　　　　　(b) 机件剖开图　　　　　　　　(c) 剖视图

图 5.12　两个平行平面的剖视图

（3）剖视图必须标注。在剖切平面迹线的起始、转折和终止处，用剖切符号（粗短线）表示它的位置，并标注相同的字母；在剖切符号两端，用箭头表示投影方向（如果剖视图按投影关系配置，且中间无其他图形隔开，则省略箭头）；在剖视图上方，用相同的字母标注名称"$X—X$"。

3. 几个相交的剖切平面

当用单一剖切平面或几个平行的剖切平面不能完整表达机件的内部结构（如具有回转轴的机件）时，可用几个相交的剖切平面剖开机件，再将剖面的倾斜部分旋转到与基本投影面平行时进行投射，我们将这种"先剖切，后旋转，再投影"的投射方法称为旋转剖。

用两个相交的剖切平面剖切法兰盘得到的剖视图如图 5.13 所示。

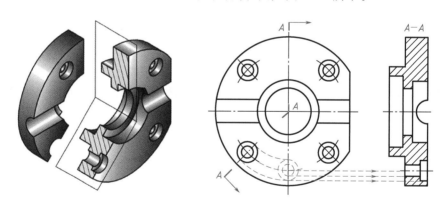

(a) 相交平面剖切位置　　　　　　　　　　　　　(b) 剖视图

图 5.13　用两个相交的剖切平面剖切法兰盘得到的剖视图

绘制被几个相交的剖切平面剖切的剖视图时，应注意以下两点。

（1）倾斜的平面必须旋转到与选定的基本投影面平行，使投影能够表达实形，但剖切平面后面的结构一般应按原来的位置画出投影。

（2）旋转剖视图必须标注，标注方法与阶梯剖视图相同。

5.3　断　面　图

在机件的某处用剖切平面切断，只画出该剖切面与机件接触部分的图形，称为断面图。断面图常用于表达机件上的肋板、轮辐、键槽、孔及连接板的横断面和各种型材的断面形状。

断面图与剖视图的区别如下：断面图仅画出断面的形状；剖视图除画出断面的形状外，还画出剖切平面后面的其他可见部分的投影，如图 5.14 所示。

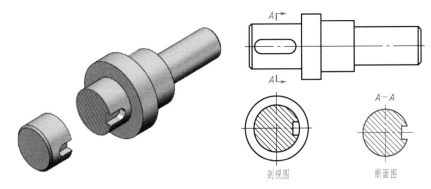

剖视图　　　　断面图

图 5.14　断面图与剖视图的区别

根据配置位置不同，断面图分为移出断面图和重合断面图。

5.3.1　移出断面图

视图轮廓外的断面图称为移出断面图，如图 5.14 所示。

画移出断面图时要注意以下几点。

（1）用粗实线画出移出断面的轮廓线，在断面上画出剖面符号。移出断面应尽量配置在剖切平面的延长线上，必要时可以画在图纸的适当位置。

（2）由两个或两个以上相交的剖切平面剖切得到的移出断面图，中间一般断开。两个相交的剖切平面剖得的断面图如图 5.15 所示。

（3）当剖切平面通过由回转面形成的圆孔、圆锥坑等结构的轴线时，这些结构应按剖视画出。通过圆孔等回转面的轴线时断面图的画法如图 5.16 所示。

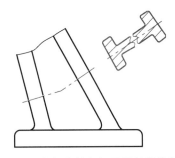

图 5.15　两个相交的剖切平面剖得的断面图

（4）当剖切平面通过非回转面出现完全分离的断面时，机件应按剖视画出。断面分离时的画法如图 5.17 所示。

（5）一般移出断面图用剖切符号表示剖切位置，箭头表示投射方向，并标注大写拉丁字母，在断面图的上方标注相应的名称"X—X"。移出断面图的配置及标注见表 5-2。

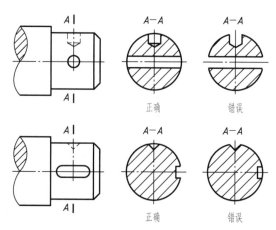

图 5.16　通过圆孔等回转面的轴线时断面图的画法

图 5.17　断面分离时的画法

表 5－2　移出断面图的配置及标注

配　置	对称的移出断面图	不对称的移出断面图
配置在剖切线或剖切符号的延长线上	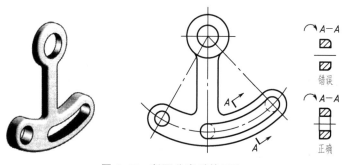 不必标注大写拉丁字母和剖切符号	不必标注大写拉丁字母
按投影关系配置	不必标注箭头	不必标注箭头

续表

配　　置	对称的移出断面图	不对称的移出断面图
配置在其他位置		
	不必标注箭头	标注剖切符号（包括箭头）和大写拉丁字母

5.3.2　重合断面图

画在视图轮廓之内的断面图称为重合断面图。当断面图形状简单、不影响图形清晰度且能增强被表达部位的实感时，采用重合断面图，如图5.18所示。

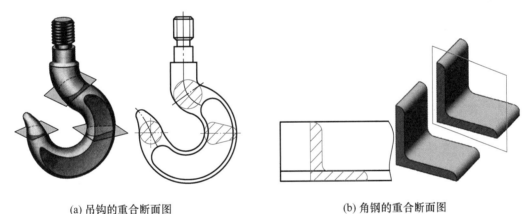

(a) 吊钩的重合断面图　　　　　　　　(b) 角钢的重合断面图

图5.18　重合断面图

为了使图形清晰，避免与视图中的线条混淆，用细实线画重合断面的轮廓线。当重合断面的轮廓线与视图的轮廓线重合时，按视图的轮廓线画出，不应中断。

一般情况下，对称的重合断面图不必标注；不对称的重合断面图，在不致引起误解的情况下，省略标注。

5.4　其他表示法

5.4.1　局部放大图

当机件上某些细小结构在视图中表达得不够清楚或不便于标注尺寸时，可采用比原图形大的比例画出这些部位，这种图称为局部放大图，如图5.19所示。

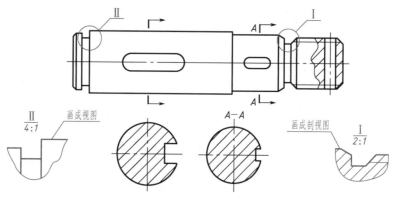

图 5.19　局部放大图

局部放大图应尽量配置在被放大部位的附近，用细实线圈出被放大的部位；当同一机件上有多个被放大的部位时，必须用罗马数字依次标明被放大的部位，并在局部放大图的上方标注相应的罗马数字和采用的比例（图形与实物尺寸的比例，与原图无关）；当机件上只有一个被放大的部位时，局部放大图的上方只需标注采用的比例，对于同一机件不同部位的局部放大图，当图形相同或对称时，只需画出一个。

局部放大图可画成视图、剖视图、断面图，与被放大部位的表达方法无关。局部放大图应尽量配置在被放大部位的附近。

5.4.2　简化画法

为了提高识图和绘图的效率及图样的清晰度，常采用如下简化画法。

（1）当机件具有若干相同结构（齿、槽、孔等），并按一定规律分布时，只需画出几个完整结构，其余用细实线连接或标明中心位置，并注明总数，如图 5.20 所示。

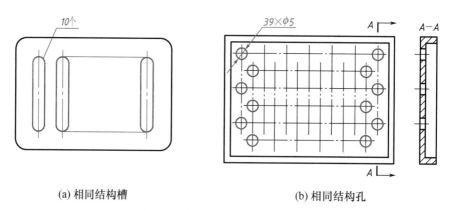

(a) 相同结构槽　　　　　　　　　　　　(b) 相同结构孔

图 5.20　相同结构要素的简化画法

（2）在不致引起误解的情况下，对称机件的视图可以只画一半或四分之一，并在对称中心线的两端画出与其垂直的平行细实线，如图 5.21 所示。

（3）当回转体上均匀分布的肋板、轮辐、孔等结构不在剖切平面上时，可假想这些结构旋转到剖切平面上并画出，如图 5.22 所示。

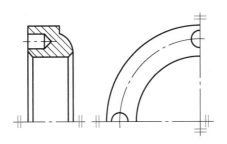

图 5.21 对称机件的简化画法

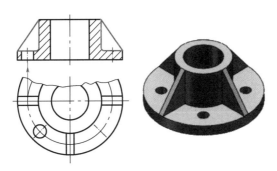

图 5.22 均匀分布的肋板、孔的剖切画法

（4）当较长的机件（轴、杆、型材等）沿长度方向的形状一致或按一定规律变化时，可断开并缩短绘制，但必须按原来实长标注尺寸。较长机件的画法如图 5.23 所示。

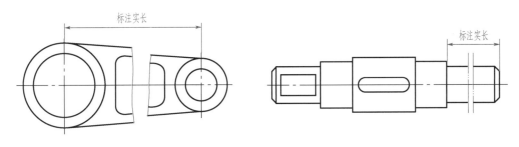

(a) 长度方向按一定规律变化　　　　　(b) 长度方向形状一致

图 5.23 较长机件的画法

（5）在不致引起误解的情况下，视图中的小圆角或小倒角可省略不画，但必须注明尺寸或在技术要求中说明尺寸。小圆角的简化画法如图 5.24 所示。

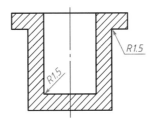

图 5.24 小圆角的简化画法

（6）网状物、编织物或机件上的滚花部分，可用细实线在轮廓线附近示意画出，并标明具体要求。滚花的简化画法如图 5.25 所示。

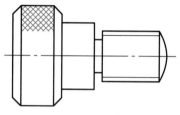

图 5.25　滚花的简化画法

（7）当机件上较小的结构及斜度等可在一个视图中表达清楚时，在其他视图中应简化或省略。较小结构的简化画法如图 5.26 所示。

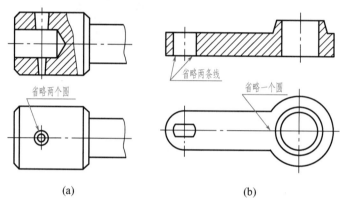

（a）　　　　　　　　　　（b）

图 5.26　较小结构的简化画法

5.5　第三角画法

我国工程图样是按正投影法并采用第一角画法绘制的，有些国家（如英国、美国等）的工程图样是按正投影法并采用第三角画法绘制的。

由三个相互垂直相交的投影面组成的投影体系把空间分成八个部分，空间的八个分角如图 5.27 所示，每个部分为一个分角，依次为Ⅰ、Ⅱ、Ⅲ、Ⅳ、Ⅴ、Ⅵ、Ⅶ、Ⅷ分角。将机件放在第一分角进行投影，称为第一角画法；将机件放在第三分角进行投影，称为第三角画法。

第三角画法是指将机件置于第三分角内（机件位于 V 面后面、H 面下面、W 面左面），并使投影面（假设投影面是透明的）处于观察者与物体之间，采用正投影法得到机件在各投影面上的投影。

在同一个平面内展开三个基本视图的方法如下：V 面不动，H 面绕 OX 轴顺时针旋转 $90°$，W 面绕 OZ 轴顺时针旋转 $90°$。其中，在 V 面上得到的视图称为主视图，在 H 面上得到的视图称为俯视图，在 W 面上得到的视图称为右视图。三投影面体系及第三角视图如图 5.28 所示。

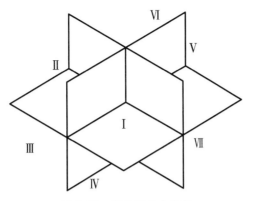

图 5.27　空间的八个分角

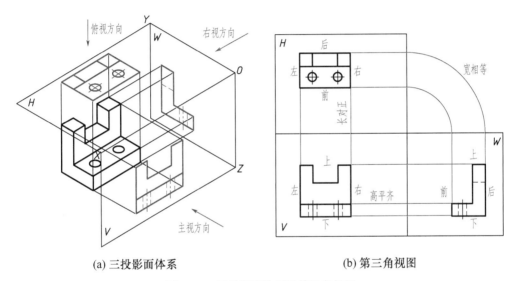

(a) 三投影面体系　　　　　　　　　(b) 第三角视图

图 5.28　三投影面体系及第三角视图

（1）第一角画法和第三角画法的比较。

将第一角画法和第三角画法的投影面展开方式及视图配置进行比较，可以看出，六个基本视图及其名称都相同，相应视图之间仍保持"长对正、高平齐、宽相等"的投影关系。第一角画法与第三角画法的区别如下：首先在于视图的配置关系，由于两种画法投影面的展开方向不同，因此视图的配置关系不同，除主视图、后视图外，其他视图的配置一一对应相反，即上、下对调，左、右互换；其次是视图的方位关系，由于视图的配置关系不同，因此第三角画法的俯视图、仰视图、左视图、右视图靠近主视图的一侧均表示机件的前面，远离主视图的一侧均表示机件的后面，与第一角画法的"外前里后"相反。第一角画法和第三角画法的比较如图 5.29 所示。

（2）第一角画法和第三角画法的识别符号。

国际标准规定，可以采用第一角画法，也可以采用第三角画法。为了区别这两种画法，在标题栏中专设的栏内用规定的识别符号表示，如图 5.30 所示。

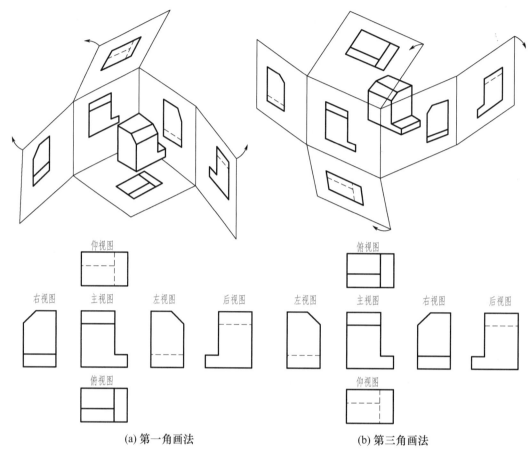

(a) 第一角画法　　　　　　　　　　　(b) 第三角画法

图 5.29　第一角画法和第三角画法的比较

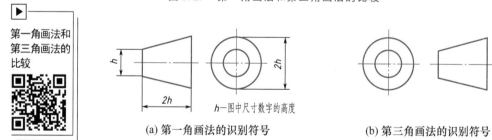

h—图中尺寸数字的高度

(a) 第一角画法的识别符号　　　　　　(b) 第三角画法的识别符号

图 5.30　两种画法的识别符号

第6章

尺寸标注方法

本章教学要点

知识要求	能力要求	相关知识
尺寸标注的基本要求和要素	1. 熟悉尺寸标注的基本要求。 2. 熟悉尺寸的组成要素	尺寸标注，尺寸的组成
常见的尺寸标注	1. 掌握线性尺寸标注。 2. 掌握半径和直径的尺寸标注。 3. 掌握其他尺寸标注。 4. 掌握简化标注	线性尺寸标注，半径和直径的尺寸标注，角度、狭小部位、对称图形的尺寸标注，简化标注
基本体的尺寸标注	1. 掌握平面基本体的尺寸标注。 2. 掌握曲面立体的尺寸标注。 3. 掌握切割体和相贯体的尺寸标注	平面基本体的尺寸标注，曲面立体的尺寸标注，切割体和相贯体的尺寸标注
组合体的尺寸标注	1. 熟悉尺寸的种类和尺寸基准。 2. 熟悉标注组合体的一般步骤。 3. 熟悉尺寸布置的要求	尺寸的种类和尺寸基准，标注组合体的一般步骤，尺寸布置的要求
标注零件尺寸	1. 熟悉正确选择尺寸基准。 2. 熟悉合理标注尺寸的原则。 3. 掌握零件上常见孔的尺寸标注	尺寸基准，合理标注尺寸的原则，零件上常见孔的尺寸标注

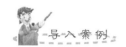

珠峰"身高"
是如何测量
的?

在我国测绘史上创造多个"首次"——登顶珠峰测高程

2020 年 12 月 8 日,珠穆朗玛峰最新高程正式公布——8848.86m。测量珠峰高程是人类超越自身、突破极限的表现,更是国家综合国力和科技实力的集中体现。

珠穆朗玛峰地区环境复杂、气候多变,每年 5 月是攀登的窗口期。1975年 5 月 27 日,我国首次将测量觇标竖立在珠穆朗玛峰峰顶,并精确测得珠峰海拔高程为 8848.13m。45 年后的同一天,测量队队员历经三次冲顶、两次下撤,终于成功登顶,将红色觇标再次竖立在"世界之巅"。

在珠穆朗玛峰峰顶,测量队队员要在有限的时间内架设好觇标、调整好方向,以便 6个测量交会点接收到觇标上棱镜反射的测距激光信号,同时开展全球卫星导航系统测量、精密重力测量、峰顶雪深雷达探测,获取峰顶气象数据。

这次珠峰高程测量在我国测绘史上创造了多个"首次":我国自主研制的北斗卫星导航系统首次用于珠穆朗玛峰峰顶大地高的计算,人类首次实现实测珠穆朗玛峰峰顶重力值,人类首次在珠穆朗玛峰地区建立全球高程基准。

图形只能表示物体的形状,其尺寸由标注的尺寸确定。尺寸是图样的重要内容,是制造机件的直接依据。因此,在标注尺寸时,应严格执行国家标准有关规定且标注尺寸必须做到正确、完整、清晰、合理。如果尺寸有遗漏或者错误,则会给生产带来困难甚至重大损失。

6.1　尺寸标注的基本要求和要素

6.1.1　尺寸标注的基本要求

(1) 机件的真实尺寸应以图样上标注的尺寸数值为依据,与图形的尺寸和绘图的准确度无关。

(2) 当图样中(包括技术要求和其他说明)的尺寸单位为毫米(mm)时,不需要标注单位符号或名称;当采用其他单位,必须注明相应的单位符号,如 m、cm 等。

(3) 在图样中标注的尺寸就是该零件的最后完工尺寸,否则应另加说明。

(4) 一般机件的每个尺寸只标注一次,并应标注在该结构最清晰的特征视图上。

6.1.2　尺寸的组成要素

一个完整的尺寸由尺寸界线、尺寸线和尺寸数字组成。尺寸的组成要素如图 6.1 所示。

1. 尺寸界线

尺寸界线表示尺寸的度量范围,用细实线绘制,并从图形的轮廓线、轴线或对称中心线处引出，也可将轮廓线、轴线或对称中心线本身作为尺寸界线。

一般尺寸界线与尺寸线垂直并超出尺寸线2～3mm，必要时可以倾斜。尺寸界限的画法如图 6.2 所示。

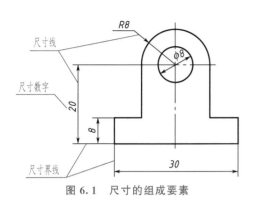

图 6.1　尺寸的组成要素

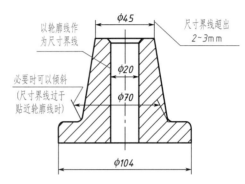

图 6.2　尺寸界限的画法

2. 尺寸线

尺寸线表示所注尺寸度量的方向，用细实线绘制在两个尺寸界线之间。图样上的尺寸线不能用其他图线代替，也不能与其他图线重合或画在其延长线上。尺寸线的标注如图 6.3 所示。

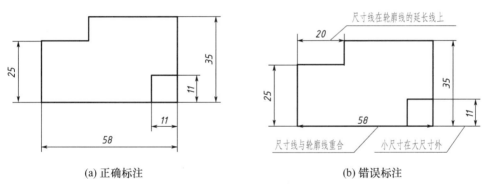

(a) 正确标注　　　　　　　　　　(b) 错误标注

图 6.3　尺寸线的标注

3. 尺寸数字

尺寸数字用于确定所注结构的尺寸，水平尺寸数字标注在尺寸线上方，铅垂尺寸数字标注在尺寸线的左方且字头朝左，也可以标注在尺寸线的中断处。尺寸数字不得被任何图线通过，当无法避免时，将图线断开。尺寸数字的标注如图 6.4 所示。

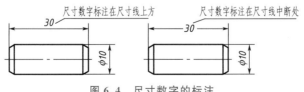

图 6.4　尺寸数字的标注

6.2 常见的尺寸标注

6.2.1 线性尺寸标注

线性尺寸的尺寸数字一般标注在尺寸线的上方或中断处，且尽可能避免在图示30°范围内标注尺寸，当无法避免时，应引出标注。非水平方向上的尺寸数字可水平标注在尺寸线的中断处。线性尺寸标注如图6.5所示。

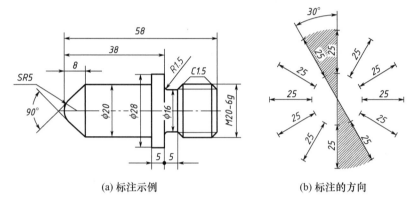

(a) 标注示例   (b) 标注的方向

图 6.5 线性尺寸标注

6.2.2 半径和直径的尺寸标注

1. 半径

半圆或小于半圆的圆弧一般标注半径尺寸，尺寸线从圆心出发，箭头指向圆弧，且尺寸数字前注写半径符号"R"。半圆和小圆弧的半径标注如图6.6所示。

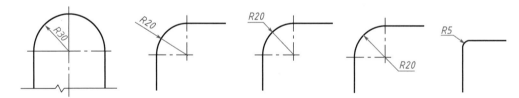

图 6.6 半圆和小圆弧的半径标注

当圆弧半径太大或无法标出圆心位置时，圆弧半径的标注方法如图6.7所示。标注球体的直径或半径时，应在尺寸数字前加注"Sϕ"或"SR"。

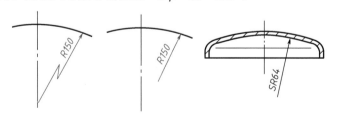

(a) 大圆弧标注示例   (b) 球体标注示例

图 6.7 大圆弧和球体的标注

2．直径

圆或大于半圆的圆弧需标注直径尺寸，标注时，尺寸数字前加注"ϕ"。直径的标注如图 6.8 所示。

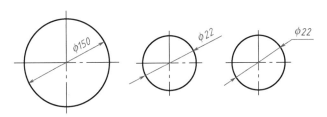

图 6.8　直径的标注

当圆弧大于半圆时，必须标注直径，当圆弧不完整时，可省略箭头，尺寸线需超过圆心或回转轴线。不完整圆的直径标注如图 6.9 所示。

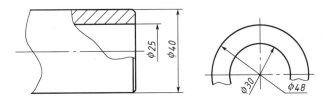

图 6.9　不完整圆的直径标注

6.2.3　其他尺寸标注

1．角度的尺寸标注

标注角度时，角的两条边或两条边的延长线可作为尺寸界线，尺寸线应画成圆弧，角度数字沿水平方向注写。一般情况下，角度数字注写在尺寸线的中断处，也可引出标注。角度的尺寸标注如图 6.10 所示。

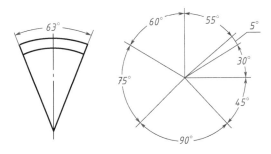

图 6.10　角度的尺寸标注

2．狭小部位的尺寸标法

当没有足够空间画尺寸线两端的箭头或注写尺寸数字时，允许用圆点或斜线代替箭头。狭小部位的尺寸标注如图 6.11 所示。

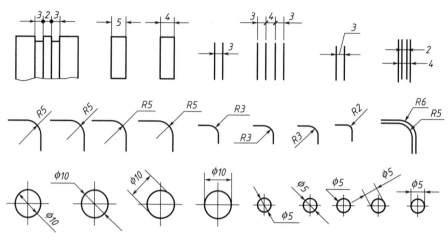

图 6.11　狭小部位的尺寸标注

3. 对称图形的尺寸标注

当对称机件的图形只画出一半或略大于一半时，尺寸线应略超出对称中心线或中断处的边界，仅在尺寸线的一端画出箭头。对称图形的尺寸标注如图 6.12 所示。

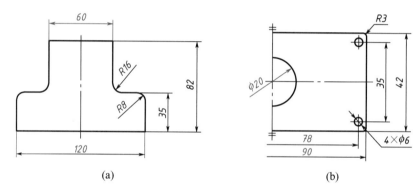

(a)　　　　　　　　　　　　　　　　(b)

图 6.12　对称图形的尺寸标注

6.2.4　简化标注

简化标注时，在不致引起误解和不会产生理解的多义性的前提下，力求制图简便，便于识读和绘制，注重简化的综合效果。在考虑便于手工制图和计算机制图的同时，还要考虑缩微制图的要求。

常见的尺寸标注符号见表 6-1。

表 6-1　常见的尺寸标注符号

名称	符号和缩写词	符号	符号和缩写词
直径	ϕ	45°倒角	C
半径	R	深度	⊥
球直径	$S\phi$	沉孔或锪平	⊔

续表

名称	符号和缩写词	符号	符号和缩写词
球半径	SR	埋头孔	$\vee$
厚度	T	均匀分布	EQS
正方形	□		

（1）在同一图形中，对于相同的孔、槽等组成要素，可仅在一个要素上标注数量和尺寸，均匀分布在圆上的孔可在尺寸数字后加注"EQS"，当图中明确组成要素的定位和分布情况时，可省略"EQS"。相同要素的尺寸标注如图6.13所示。

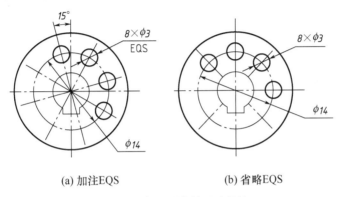

(a) 加注EQS   (b) 省略EQS

图 6.13 相同要素的尺寸标注

（2）当标注断面为正方形结构的尺寸时，可在正方形边长数字前加注符号"□"，或用 $B \times B$（B 为边长）标注。正方形结构的尺寸标注如图6.14所示。

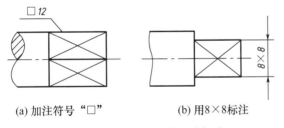

(a) 加注符号"□"   (b) 用8×8标注

图 6.14 正方形结构的尺寸标注

（3）同心圆弧或圆心位于一条直线上的多个不同心圆弧的尺寸，可用共用的尺寸线和箭头依次表示。同心圆弧的尺寸标注如图6.15所示。

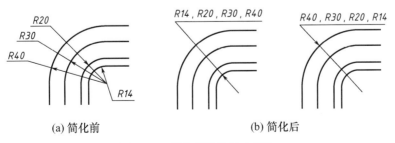

(a) 简化前   (b) 简化后

图 6.15 同心圆弧的尺寸标注

6.3 基本体的尺寸标注

基本体分为平面立体和曲面立体两种。其中,平面立体是指表面均为平面的基本体,如长方体、棱柱和棱锥(台)等;曲面立体是指表面由曲面或曲面和平面组成的基本体,工程上常见的曲面立体为回转体,如圆柱、圆锥(台)和圆球等。

基本体的尺寸标注以能确定基本形状和尺寸为原则,一般将长度、宽度、高度三个方向的尺寸标注齐全。

6.3.1 平面立体的尺寸标注

为了便于看图,确定顶面和底面形状大小的尺寸宜标注在反映实形的投影上,再在另一个投影图上标注高度方向的尺寸。标注棱柱和棱锥时,一般将尺寸标注在最能反映实形的投影上,再在另一个投影图上标注另一个方向的尺寸。平面立体的尺寸标注如图 6.16所示。

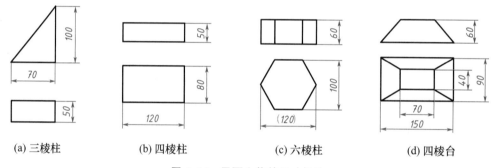

(a) 三棱柱   (b) 四棱柱   (c) 六棱柱   (d) 四棱台

图 6.16 平面立体的尺寸标注

6.3.2 曲面立体的尺寸标注

圆柱和圆锥应标注出底面直径和高度尺寸。因为简单回转体有特征代号"Φ",所以尺寸可以集中在一个视图上。

若将直径标注在非圆投影图上,则尺寸数字前需加注"ϕ"。球体只标注直径,并在直径尺寸前加注"S"。曲面立体的尺寸标注如图 6.17所示。

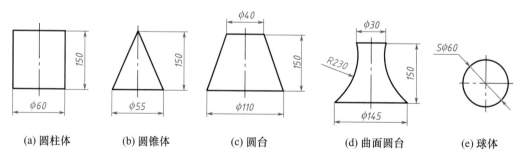

(a) 圆柱体   (b) 圆锥体   (c) 圆台   (d) 曲面圆台   (e) 球体

图 6.17 曲面立体的尺寸标注

6.3.3 切割体和相贯体的尺寸标注

（1）标注切割体的尺寸时，除了需要标注基本体的尺寸之外，还需要标注截平面的定位尺寸，且定位尺寸应集中标注在反映切口、凹槽等的特征视图上。因为截平面与基本体的相对位置确定后，截交线的尺寸完全确定，所以不需要在截交线上标注尺寸。切割体的尺寸标注如图 6.18 所示，画"×"的尺寸为多余尺寸。

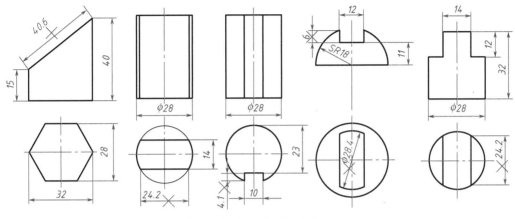

图 6.18　切割体的尺寸标注

（2）相贯体除了标注参与相交的两个基本体的尺寸外，还应标注确定两基本体相对位置的尺寸，并注写在反映两基本体相对位置的特征视图上。两相交基本体的形状、尺寸及相对位置确定后，相贯线的形状、尺寸及位置也就确定了，因此，相贯线不能再标注尺寸。相贯体的尺寸标注如图 6.19 所示，画"×"的尺寸都是错误的标注。

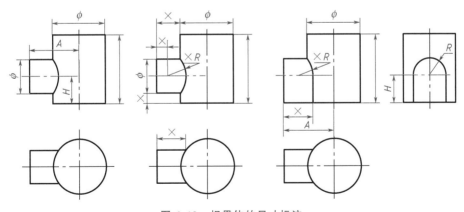

图 6.19　相贯体的尺寸标注

6.4　组合体的尺寸标注

视图只能表达物体的形状，要表达物体的真实尺寸，还需要在视图上正确、完整、清

晰、合理地标注尺寸。

正确：是指尺寸数值正确，注法符合国家标准的规定。

完整：是指尺寸应齐全，不允许有遗漏或重复尺寸。如果遗漏尺寸，则零件无法加工；如果出现重复尺寸且相互矛盾，则零件无法加工，若尺寸不矛盾，则尺寸标注混乱，不利于看图。

清晰：是指尺寸的布置应整齐、清晰，便于看图。

合理：是指尺寸既能保证设计要求，又使加工、测量、装配方便。

6.4.1 尺寸的种类和尺寸基准

1. 尺寸的种类

组合体三视图中，除了要标注基本体的尺寸，还要标注它们之间的相对位置和组合体本身的总体尺寸。组合体三视图的尺寸有以下三种。

（1）定形尺寸：表示各基本体大小（长度、宽度、高度）的尺寸。

（2）定位尺寸：表示各基本体之间相对位置（上下、左右、前后）的尺寸。

（3）总体尺寸：表示组合体总长度、总宽度、总高度的尺寸。

2. 尺寸基准

定位尺寸通常以图形的对称线、中心线或某轮廓线为标注尺寸的起点，该起点称为尺寸基准。标注组合体时，通常选择形体的底面、端面和对称面等为基准，每个方向必须有一个主要基准，有时还有一个或多个辅助基准。尺寸基准如图 6.20 所示。

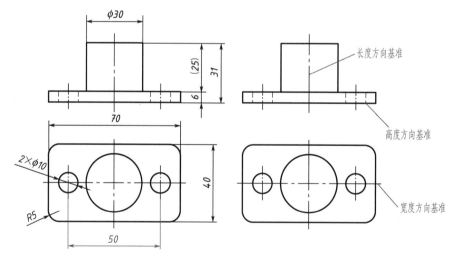

图 6.20　尺寸基准

6.4.2 标注组合体的一般步骤

下面以轴承座的三视图为例，介绍标注组合体的一般步骤。

步骤 1：选择尺寸基准。根据组合体的结构特点，选择长度、宽度、高度三个方向的尺寸基准。

步骤 2：标注定形尺寸和定位尺寸。按组合体的形成过程，逐个标注基本体的定形尺寸和定位尺寸。

标注轴承座尺寸如图 6.21 所示。

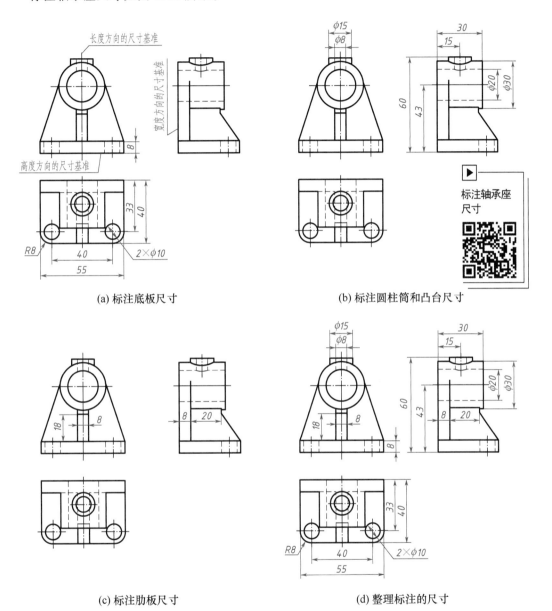

图 6.21 标注轴承座尺寸

6.4.3 尺寸布置的要求

（1）组成组合体的各基本体的定形尺寸和定位尺寸尽量集中标注在一个或两个相邻视图上，便于看图。

（2）尺寸应标注在表达形体特征最明显的视图上，且尽量避免标注在虚线上。

（3）对称结构的尺寸一般对称标注。

（4）尺寸应尽量标注在视图外，且同一方向连续的多个尺寸应尽量标注在同一位置线上。在排列尺寸时，应使大尺寸在外、小尺寸在内，避免尺寸线与其他尺寸的尺寸界线相交，以保持图面清晰。

（5）自然形成的尺寸（如相贯线、截交线的尺寸）不能直接标注，只能标注产生交线的形体或截平面的定形尺寸、定位尺寸。

6.5　标注零件尺寸

机械图样不仅有表达形体的图样，而且必须标注尺寸以规定各结构的大小，并给出其他加工要求。标注尺寸与技术要求的工作量有时大于绘制图样的工作量。

6.5.1　正确选择尺寸基准

主要基准是在设备设计中形成的决定零件间装配、定位、支撑等重要关系的平面或轴线。用错基准可能造成零件丧失功能甚至报废。

1. 选择尺寸基准

尺寸基准是指零件在机器中或加工测量时用来确定位置的面或线，通常为零件的底面、端面、对称平面、回转体轴线等。

2. 基准的分类

（1）按照重要性分类。

① 主要基准：决定零件主要尺寸的基准。

② 辅助基准：为了便于加工和测量而附加的基准。

（2）按照功用分类。

① 设计基准：确定零件在部件中位置的基准。

② 工艺基准：加工或测量零件时的基准。

设计基准和工艺基准最好能重合，以利于加工制造。

6.5.2　合理标注尺寸的原则

1. 重要尺寸直接标出

重要尺寸是指配合尺寸、主定位尺寸和其他影响零件性能的尺寸。非主要尺寸是指非配合的直径、长度、外轮廓尺寸等。

2. 避免出现封闭尺寸链

由于封闭尺寸链会造成加工困难，因此选择一个不重要的尺寸不标注，称为开口环，即使所有误差集中在这一段也不影响使用。尺寸链标注如图 6.22 所示。

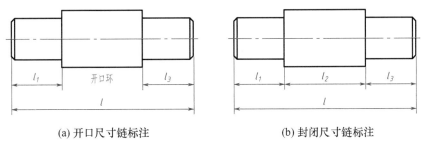

(a) 开口尺寸链标注　　　　　(b) 封闭尺寸链标注

图 6.22　尺寸链标注

3. 尽量符合加工顺序

（1）加工顺序：车 $4 \times \phi 15$ 退刀槽，车 $\phi 20$ 外圆及倒角，如图 6.23 所示。

（2）退刀槽和越程槽尺寸要单独注出，且包含在相应的某段长度之内，如图 6.24 所示。退刀槽和越程槽通常有如下两种标注形式：① $b \times \phi$，其中 b 为槽宽，ϕ 为槽底直径；② $b \times h$，其中 b 为槽宽，h 为槽深（由小径计）。

各尺寸值需要查阅相应手册。一般情况下，越程槽比退刀槽浅。

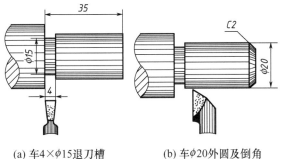

(a) 车$\phi 15$退刀槽　　(b) 车$\phi 20$外圆及倒角

图 6.23　加工顺序

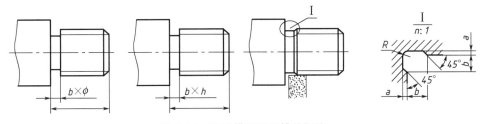

图 6.24　退刀槽和越程槽的标注

（3）常见结构要素（如倒角、槽）的尺寸标注按已有规定画法标注，如 45° 倒角可用符号 "C" 代表 45°，"C2" 代表构成 45° 倒角截面的两条直角边为 2mm。倒角的标注如图 6.25 所示；也可以在技术要求中注明，如 "全部倒角 C2" "其余倒角 C1.5"。

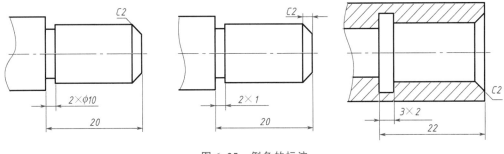

图 6.25　倒角的标注

4. 标注尺寸便于测量

标注键槽和阶梯孔时，标注尺寸要便于测量。阶梯孔的标注如图 6.26 所示。

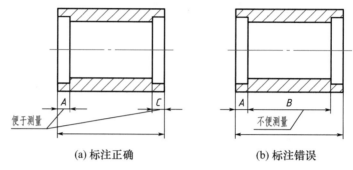

（a）标注正确　　　　　　　　（b）标注错误

图 6.26　阶梯孔的标注

5. 毛面尺寸的标注

生产铸件和锻件时，存在始终不加工的尺寸，称为毛面尺寸。同一个方向只能有一个非加工面与加工面之间的联系尺寸。毛面尺寸的标注如图 6.27 所示。

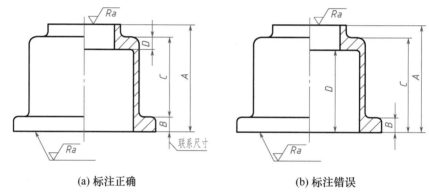

（a）标注正确　　　　　　　　（b）标注错误

图 6.27　毛面尺寸的标注

6.5.3　零件上常见孔的尺寸标注

零件上常见的孔有光孔、沉孔（包括锪平）、螺孔，其尺寸标注见表 6-2。标注时，既可以使用旁注法，又可以使用普通注法。

表 6-2　零件上常见孔的尺寸标注

类型		普通注法	旁注法		说明
光孔	一般孔	$4 \times \phi 12$ 14	$4 \times \phi 12 \downarrow 14$	$4 \times \phi 12 \downarrow 14$	"↧"为深度符号（下同），表示 4 个 $\phi 12$mm 的孔，孔深为 14mm

类型		普通注法	旁注法		说明
光孔	锥销孔	无普通注法	锥销孔$\phi 4$ 配作	锥销孔$\phi 4$ 配作	"配作"是指与另一个零件的同位锥销孔一起加工；4 是与孔相配的圆锥销的公称直径（小端直径）
沉孔	锥形沉孔	$90°$ $\phi 15$ $3\times\phi 9$	$3\times\phi 9$ $\vee\phi 15\times 90°$	$3\times\phi 9$ $\vee\phi 15\times 90°$	"$\vee$"为锥形沉孔符号，表示 3 个$\phi 9$mm 的孔，其 $90°$锥形沉孔的最大直径为 15mm
	柱形沉孔	$\phi 11$ 3 $4\times\phi 6.6$	$4\times\phi 6.6$ $\sqcup\phi 11\downarrow 3$	$4\times\phi 6.6$ $\sqcup\phi 11\downarrow 3$	"$\sqcup$"为柱形沉孔（或锪平孔）符号，表示 4 个$\phi 6.6$mm 的孔，柱形沉孔的直径为 11mm，深度为 3mm
	锪平孔	$\phi 15$ $4\times\phi 7$	$4\times\phi 7$ $\sqcup\phi 15$	$4\times\phi 7$ $\sqcup\phi 15$	表示 4 个$\phi 7$mm 的孔，其锪平直径为 15mm，不必标出深度（锪平通常只需锪出平面即可）
螺孔	通孔	$3\times M10-6H$ EQS	$3\times M10-6H$ EQS	$3\times M10-6H$ EQS	表示 3 个公称直径为 10mm 的螺纹孔，中径、顶径的公差带代号为 6H
	不通孔	$3\times M10-6H$ EQS 10 15	$3\times M10-6H\downarrow 10$ $\downarrow 15EQS$	$3\times M10-6H\downarrow 10$ $\downarrow 15EQS$	表示 3 个均匀分布的公称直径为 10mm 的螺纹孔，钻孔深度为 15mm，螺孔深度为 10mm，中径、顶径的公差带代号为 6H

第 7 章
标准件与常用件

本章教学要点

知识要求	能力要求	相关知识
螺纹	1. 了解螺纹的形成及主要参数。 2. 了解螺纹的种类和特点。 3. 熟悉螺纹的规定画法。 4. 掌握螺纹的标注	螺纹的形成及主要参数，螺纹的种类和特点，螺纹的规定画法，螺纹的标注
常用螺纹紧固件	1. 了解常用螺纹紧固件的种类。 2. 熟悉螺纹紧固件的规定标记。 3. 熟悉螺纹紧固件连接的画法	常用螺纹紧固件的种类，螺纹紧固件的规定标记，螺纹紧固件连接的画法
键和销	1. 了解常用键的种类和标记。 2. 熟悉键槽的画法及尺寸标注。 3. 熟悉常用键连接的画法。 4. 熟悉销的种类、标记及连接画法	常用键的种类和标记，键槽的画法及尺寸标注，常用键连接的画法，销的种类、标记及连接画法
齿轮	1. 了解标准直齿圆柱齿轮的基本参数。 2. 熟悉标准直齿圆柱齿轮的规定画法	标准直齿圆柱齿轮的基本参数，标准直齿圆柱齿轮的规定画法
弹簧	1. 了解圆柱螺旋压缩弹簧的基本参数。 2. 熟悉圆柱螺旋弹簧的规定画法。 3. 熟悉弹簧在装配图中的画法	圆柱螺旋压缩弹簧的基本参数，圆柱螺旋弹簧的规定画法，弹簧在装配图中的画法
滚动轴承	1. 了解滚动轴承的结构及分类。 2. 了解滚动轴承的代号。 3. 熟悉滚动轴承的画法	滚动轴承的结构及分类，滚动轴承的代号，滚动轴承的画法

导入案例

民族盾构中国"芯"

2020年5月10日，国产盾构/TBM主轴承、减速机工业试验成果发布，首批国产6m级常规盾构3m直径主轴承、减速机通过试验检测，标志着我国盾构核心部件国产化取得重大突破。

主轴承有全断面隧道掘进机（简称盾构机）的"心脏"之称，承担盾构机运转过程的主要载荷，是刀盘驱动系统的关键部件，工作状况十分恶劣。因为盾构机在掘进过程中会面临各种复杂的地层，所以盾构机主轴承要承受高速旋转、巨大载荷和强烈温升。在既定施工段，当盾构机主轴承出现故障时，现场维修或更换极困难（需要把设备从地底挖出来），甚至不可行。

由于制造工艺复杂、原材料性能要求高、设计理论不成熟等，我国盾构机主轴承长期依赖进口。民族盾构装上中国"芯"成为盾构技术人员的急切期盼。2015年7月24日，中国铁路工程集团有限公司联合国内拥有主轴承、减速机技术优势的企业，成功申报工业转型升级国家强基工程，承担盾构/TBM主轴承、减速机工业试验平台建设项目，开展国产主轴承、减速机关键技术研究及工业性试验。

2020年4月，通过对主轴承和减速机内部的检验，评审专家一致认可试验平台的加载方法和试验结论，认为应用于地铁盾构机的国产主轴承、减速机相关性能达到要求，可有效减小对进口部件的依赖。

7.1 螺 纹

螺纹是指在圆柱或圆锥表面上，由平面图形（如三角形、梯形、锯齿形等）沿着螺旋线运动形成的轨迹。

在圆柱表面形成的螺纹为圆柱螺纹，在圆锥表面形成的螺纹为圆锥螺纹。

在零件外表面经加工形成的螺纹称为外螺纹，在零件内表面（孔壁）经加工形成的螺纹称为内螺纹。

7.1.1 螺纹的形成及主要参数

1. 螺纹的形成

通常采用专用刀具在机床或专用机床上加工制造螺纹，还可以用丝锥攻制内螺纹和用板牙套攻制外螺纹。螺纹的加工如图7.1所示。

2. 螺纹的主要参数

螺纹的主要参数有牙型、直径、线数、螺距和导程、旋向，改变其中任一项，都会使螺纹规格不同。要使内、外螺纹旋合，五个主要参数应分别相同。

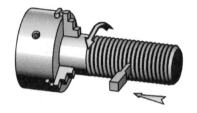 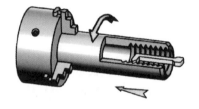

(a) 加工外螺纹　　　　　　　　　　(b) 加工内螺纹

图 7.1　螺纹的加工

（1）牙型。

牙型是螺纹轴向剖面的轮廓形状。螺纹的牙型有三角形、梯形、锯齿形等，如图 7.2 所示。不同牙型的螺纹有不同的用途，如三角形螺纹用于连接，梯形螺纹、方形螺纹用于传动等。在螺纹中，相邻两牙侧之间的夹角称为牙型角，用 α 表示。常用普通螺纹的牙型为三角形，$\alpha = 60°$。

(a) 三角形　　　　　　(b) 梯形　　　　　　(c) 锯齿形

图 7.2　螺纹的牙型

（2）直径。

螺纹的直径分为大径、中径和小径三种。螺纹各部分的名称如图 7.3 所示。

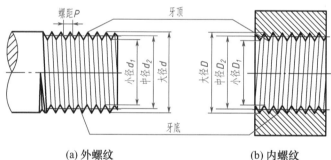

(a) 外螺纹　　　　　　　　　　(b) 内螺纹

图 7.3　螺纹各部分的名称

大径：与外螺纹的牙顶或内螺纹的牙底重合的假想圆柱的直径。除管螺纹外，螺纹大径又称公称直径。外螺纹的大径用 d 表示，内螺纹的大径用 D 表示。

中径：是一个设计直径，假设一个圆柱的母线通过牙型上的沟槽与凸起宽度相等的地方，此假想圆柱称为中径圆柱。外螺纹的中径用 d_2 表示，内螺纹的中径用 D_2 表示。

小径：与外螺纹的牙底或内螺纹的牙顶相切的假想圆柱的直径。外螺纹的小径用 d_1 表示，内螺纹的小径用 D_1 表示。

（3）线数。

螺纹可分为单线螺纹与多线螺纹。在同一螺纹件上，沿一条螺旋线形成的螺纹称为单线螺纹，沿两条以上螺旋线形成的螺纹称为**多线螺纹**，如图 7.4 所示。线数又称头数，通常用 n 表示。

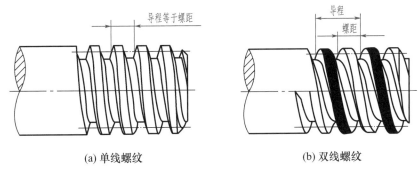

(a) 单线螺纹   (b) 双线螺纹

图 7.4   螺纹的线数

（4）螺距和导程。

螺距：相邻两牙在中径线上对应两点的轴向距离，用 P 表示。

导程：同一螺旋线上的相邻两牙在中径线上对应两点间的轴向距离，即螺纹旋转一周沿轴向移动的距离，用 P_h 表示，导程与螺距和线数的关系为 $P_h = nP$。

（5）旋向。

螺纹有左旋与右旋之分，工程上常用右旋螺纹。将螺纹轴线竖直放置，螺纹左低右高为右旋，螺纹左高右低为左旋。右旋螺纹顺时针转时旋合，逆时针转时退出；左旋螺纹相反。螺纹的旋向如图 7.5 所示。

(a) 左旋螺纹   (b) 右旋螺纹

图 7.5   螺纹的旋向

7.1.2 螺纹的种类和特点

螺纹按用途可分为连接螺纹和传动螺纹两大类，见表 7-1。

表 7-1   螺纹的种类

螺纹的种类及特征代号		外形及牙型	用途
连接螺纹	粗牙普通螺纹（M）	60°	是常用连接螺纹。粗牙普通螺纹一般用于连接机件。细牙普通螺纹的螺距比粗牙普通螺纹小，且深度较小，一般用于薄壁零件或细小的精密零件
	细牙普通螺纹（M）		
	圆柱管螺纹（G 或 Rp）	55°	用于水管、油管、煤气管等薄壁管上，是一种螺纹深度较小的特殊细牙螺纹，仅用于连接管子，分为非密封（代号为 G）与密封（代号为 Rp）两种

续表

螺纹的种类及特征代号		外形及牙型	用途
传动螺纹	梯形螺纹（Tr）	30°	用于传动，各种机床的丝杠多采用这种螺纹
	锯齿形螺纹（B）		只能传递单向动力，螺旋压力机的传动丝杠多采用这种螺纹

常见的连接螺纹有粗牙普通螺纹、细牙普通螺纹和管螺纹三种。

连接螺纹的特点是牙型都是三角形，其中普通螺纹的牙型角为60°，管螺纹的牙型角为55°。同一种大径的普通螺纹一般有多种螺距，螺距最大的一种称为粗牙普通螺纹，其余称为细牙普通螺纹。细牙普通螺纹多用于细小的精密零件或薄壁件，或者承受冲击、振动载荷的零件。管螺纹多用于水管、油管、煤气管上。

传动螺纹用于传递动力和运动，常用的是梯形螺纹，在一些特定情况下可用锯齿形螺纹。

7.1.3 螺纹的规定画法

由于螺纹是由空间曲面构成的，绘制真实投影比较复杂，因此国家标准规定了螺纹的简化画法。

1. 内、外螺纹的规定画法

（1）可见螺纹的牙顶用粗实线绘制，可见螺纹的牙底用细实线绘制，当外螺纹画出倒角或倒圆时，应将表示牙底的细实线画入圆角或倒角部分。螺纹不可见时，所有图线用虚线绘制。

（2）在垂直于螺纹轴线的投影面的视图中，表示牙底的细实线圆只画约3/4圈，且不绘制轴或孔上倒角的投影。

（3）当绘制不穿通的螺孔（又称螺纹盲孔）时，一般分别画出钻孔深度与螺纹深度，且钻孔深度比螺纹深度大 $0.5D$（D 为螺纹大径）。钻孔时，在末端形成的锥角按120°绘制。

外螺纹的规定画法如图7.6所示，内螺纹的规定画法如图7.7所示。

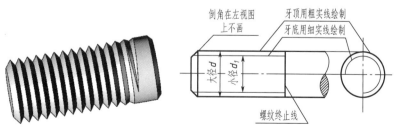

(a) 外螺纹示意　　　　　　(b) 外螺纹画法

图 7.6　外螺纹的规定画法

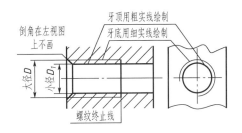

(a) 穿通的内螺纹画法

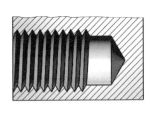

(b) 不穿通的内螺纹示意

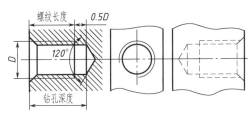

(c) 不穿通的内螺纹画法

图 7.7　内螺纹的规定画法

2. 内、外螺纹的旋合画法

内、外螺纹旋合时，一般用剖视图表示。其中，内、外螺纹的旋合部分按外螺纹的规定画法绘制，其余不重合部分按各自的规定画法绘制，如图 7.8 所示。

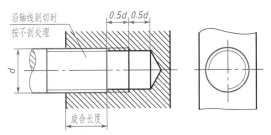

图 7.8　内、外螺纹的旋合画法

7.1.4　螺纹的标注

螺纹采用统一的规定画法，为了便于识别螺纹的种类及要素，需按规定格式在图上标注螺纹。

1. 螺纹的标注规定

普通螺纹应用广泛，其标注由**螺纹特征代号**、**公差带代号**和**旋合长度**三部分组成，每部分代号用横线隔开，如图 7.9 所示。其中，公差带代号用于说明螺纹加工精度。

图 7.9　普通螺纹的标注

标注螺纹时应注意如下三点。

（1）普通螺纹的特征代号为"M"。其中粗牙螺纹的螺距只有一个，不标注；细牙螺纹的螺距有多个，需标注。

（2）当螺纹旋向为右旋时，不标注；当螺纹旋向为左旋时，标注"LH"。

（3）螺纹的旋合长度代号分为短、中、长三组，分别用 S、N、L 表示，中等旋合长度代号 N 可省略。

【例 7-1】试说明螺纹标记 M20×1.5-5g6g-S-LH 中各符号的含义。

M 为普通螺纹代号，公称直径为 20mm，是细牙螺纹，螺距为 1.5mm；中径公差带代号为 5g，顶径公差带代号为 6g；短旋合长度，左旋。

2. 常用螺纹的种类和标注示例

常用螺纹的种类和标注示例见表 7-2。其中，梯形螺纹和锯齿形螺纹为多线螺纹时，螺距应标注在括号内，并冠以字母 P，括号前注写导程。

表 7-2 常用螺纹的种类和标注示例

螺纹种类		特征代号	标记示例	说明
连接螺纹	普通螺纹	M	粗牙 M20-6g	粗牙普通螺纹，公称直径 ϕ20mm，右旋；螺纹中、大径公差带代号均为 6g；中等旋合长度
			细牙 M16×1.5-6H-L	细牙普通螺纹，公称直径 ϕ16mm，螺距为 1.5mm，右旋；螺纹中、大径公差带代号均为 6H；长旋合长度
	管螺纹	G	55°非密封管螺纹 G1A	55°非密封圆柱内螺纹，尺寸代号为 1，公差等级为 A 级，右旋
		Rp、Rc R_1、R_2	55°密封管螺纹 Rc1/2	55°密封圆锥内螺纹，尺寸代号为 1/2，右旋。圆柱内螺纹代号为 Rp，圆锥内螺纹代号为 Rc，R_1 和 R_2 分别为与圆柱和圆锥配合的圆锥外螺纹代号

续表

螺纹种类		特征代号	标记示例	说明
传动螺纹	梯形螺纹	Tr	*Tr40×14(P7)LH-8e-L*	梯形螺纹，公称直径 φ40mm，导程为 14mm，螺距为 7mm，中径公差带代号为 8e，长旋合长度的双线左旋梯形外螺纹
	锯齿形螺纹	B	*B32×6-7e*	锯齿形螺纹，公称直径 φ32mm，单线螺纹，螺距为 6mm，右旋；中径公差带代号为 7e；中等旋合长度

7.2 常用螺纹紧固件

感应焊接

7.2.1 常用螺纹紧固件的种类

螺纹紧固件是以内、外螺纹的旋合作用连接和紧固一些零部件的零件。螺纹紧固件的种类很多，如螺栓、螺柱、螺钉、螺母和垫圈等。它们都属于标准件，一般由标准件制造商生产，不需要画出它们的零件图，使用时，只需从相应的标准中查阅所需尺寸直接购买即可。常见螺纹紧固件如图 7.10 所示。

(a) 六角头螺栓　　(b) 开槽紧定螺钉　　(c) 双头螺柱　　(d) 六角头螺母　　(e) 平垫圈　　(f) 弹簧垫圈

图 7.10 常见螺纹紧固件

不可思议的"双向螺栓"

7.2.2 螺纹紧固件的规定标记

常见螺纹紧固件及其标记见表 7-3。

表 7-3 常见螺纹紧固件及其标记

名称及标准编号	图例	说明
六角头螺栓 GB/T 5782—2016		粗牙螺纹，螺纹规格 $d=$M8，公称长度 $l=35$mm，表面氧化，性能等级为 8.8 级，产品等级为 A 级的六角头螺栓，标记为"螺栓 GB 5782 M8×35"

名称及标准编号	图例	说明
双头螺柱 GB 898—1988		螺纹规格 d＝M10、公称长度 l＝35mm、旋入机体一端长 b_m＝12.5 mm、性能等级为 4.8 级、不经表面处理的 B 型双头螺柱，标记为"螺柱 GB 898 M10×35"。螺柱为 A 型时，应将螺柱的规格写成"AM10×35"，标记为"螺柱 GB 898 AM10×35"
开槽圆柱头螺钉 GB/T 65—2016		螺纹规格 d＝M10、公称长度 l＝50mm、性能等级为 4.8 级、不经表面处理、产品等级为 A 级的开槽圆柱头螺钉，标记为"螺钉 GB/T 65 M10×50"
开槽沉头螺钉 GB/T 68—2016		螺纹规格 d＝M10、公称长度 l＝60mm、性能等级为 4.8 级、不经表面处理、产品等级为 A 级的开槽沉头螺钉，标记为"螺钉 GB/T 68 M10×60"
开槽长圆柱端紧定螺钉 GB/T 75—2018		螺纹规格 d＝M10、公称长度 l＝30mm、性能等级为 14H 级、表面氧化的开槽长圆柱端紧定螺钉，标记为"螺钉 GB/T 75 M10×30"
Ⅰ型六角螺母 GB/T 6170—2015		螺纹规格 d＝M10、性能等级为 8 级、不经表面处理、产品等级为 A 级的 Ⅰ 型六角螺母，标记为"螺母 GB/T 6170 M10"
平垫圈 GB/T 97.1—2002		标准系列、规格为 10mm、性能等级为 140HV（硬度）级、不经表面处理、产品等级为 A 级的平垫圈，标记为"垫圈 GB/T 97.1 10"
标准型弹簧垫圈 GB 93—1987		规格为 12mm、材料为 65Mn、表面氧化处理的标准型弹簧垫圈，标记为"垫圈 GB 93 12"

7.2.3　螺纹紧固件连接的画法

螺纹紧固件的种类很多，按连接形式可分为**螺栓连接**、**螺柱连接**和**螺钉连接**三种。画连接图时应注意以下四点。

（1）当剖切平面通过螺纹紧固件的轴线时，螺纹紧固件按不剖绘制。

（2）两零件的接触表面只画一条线，不接触的相邻两表面，无论间隙多大都画成两条线（小间隙可夸大画出）。

（3）相邻零件剖面线的方向相反，或剖面线的方向相同但间距不同；同一零件的剖面线在所有视图中应等间距、同方向。

（4）螺纹紧固件可采用简化画法，螺栓、螺母、螺钉头部结构均可简化；倒角和退刀槽等工艺结构可省略不画。

1. 螺栓连接的画法

螺栓适用于连接两个不太厚的零件和需要经常拆卸的场合。连接时，螺栓穿入两个零件的通孔，套上垫圈，并用螺母拧紧。垫圈的作用是防止损伤零件的表面及增大支承面积，使其受力均匀。螺栓连接的简化画法如图 7.11 所示。

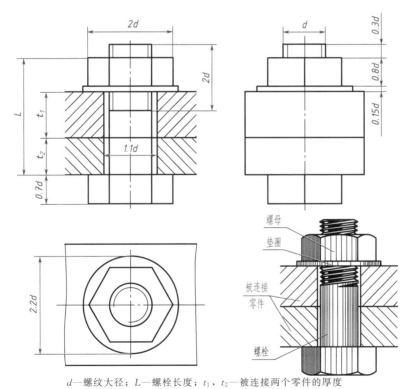

d—螺纹大径；L—螺栓长度；t_1、t_2—被连接两个零件的厚度

图 7.11　螺栓连接的简化画法

绘制螺栓连接时，各螺栓紧固件宜采用比例法绘制，即以螺栓上螺纹的公称直径（螺纹大径 d）为基准，其余部分的尺寸按与公称直径的比例关系绘制，倒角省略不画。其中，螺栓长度 L 按照 $L=t_1+t_2+0.15d+0.8d+0.3d$ 计算，再查表取最接近标准的长度值。

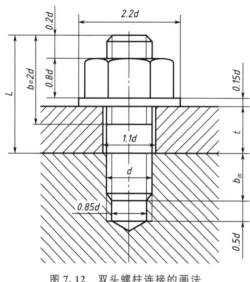

图 7.12　双头螺柱连接的画法

2. 双头螺柱连接的画法

双头螺柱的两端都有螺纹，一端旋入被连接件的螺孔，称为旋入端；另一端与螺母旋合，紧固另一个被连接件，称为紧固端。

双头螺柱连接由双头螺柱、螺母、垫圈组成，多用于其中一个被连接件太厚，不适合钻成通孔或不能钻成通孔的场合。双头螺柱连接的画法如图 7.12 所示，螺栓长度按 $L = t + 0.15d + 0.8d + 0.2d$ 计算，再查表取最接近标准的长度值。

3. 螺钉连接的画法

螺钉连接用于受力不大的场合。装配时，将螺钉直接穿过被连接件上的通孔，拧入机件上的螺纹孔，靠螺钉头部压紧被连接零件。螺钉连接的画法如图 7.13 所示，螺钉长度按 $L = t + b_m$ 计算，再查表取最接近标准的长度值。

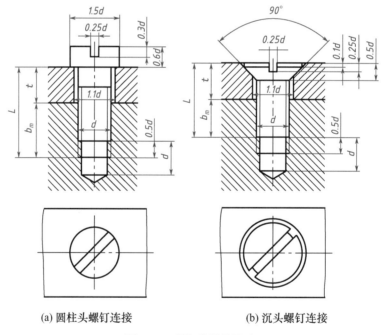

(a) 圆柱头螺钉连接　　　　(b) 沉头螺钉连接

图 7.13　螺钉连接的画法

7.3　键　和　销

键和销都是标准件，其结构、形式和尺寸都有规定，可从相关手册中查阅选用。

7.3.1 键

键是连接轴及轴上的传动件（如齿轮、皮带轮等），起传递扭矩或旋转运动的作用。键的位置如图 7.14 所示。

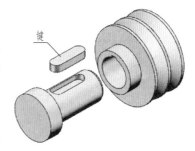

图 7.14 键的位置

1. 常用键的种类和标记

常用的键有普通平键、半圆键和钩头楔键等，其中普通平键应用最广泛，分为 A 型、B 型和 C 型三种，如图 7.15 所示。

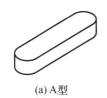 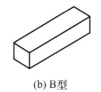

(a) A型　　　　　　(b) B型　　　　　　(c) C型

图 7.15 普通平键的种类

常用键的种类及规定标记见表 7-4。

表 7-4 常用键的种类及规定标记

种类	图例	规定标记与标例
普通平键		A 型圆头普通平键，键宽 $b=10\text{mm}$，键高 $h=8\text{mm}$，键长 $L=36\text{mm}$，标记示例"键 10×36 GB/T 1096"
半圆键		半圆键，键宽 $b=6\text{mm}$，键高 $h=10\text{mm}$，$D=25\text{mm}$，标记示例"键 $6\times10\times25$ GB/T 1099"
钩头楔键		钩头楔键，键宽 $b=8\text{mm}$，键长 $L=40\text{mm}$，标记示例"键 8×40 GB/T 1565"

2. 键槽的画法和尺寸标注

键是标准件，一般不必画出零件图，但需画出零件上与键相配合的键槽。普通平键键槽的画法和尺寸标注如图 7.16 所示，图 7.16（a）中，t_1 为轴上键槽深度，b 为键槽宽度，都可按轴径 d 从标准中查出；图 7.16（b）中，t_2 为轮毂上的键槽深度，t_2 和 b 可按孔径 D 从标准中查出。

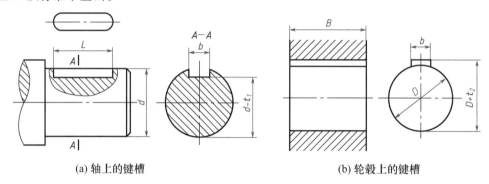

(a) 轴上的键槽   (b) 轮毂上的键槽

图 7.16 普通平键键槽的画法和尺寸标注

3. 常用键连接的画法

由于普通平键和半圆键的两个侧面是工作面，顶面是非工作面，因此键与键槽侧面之间不留间隙，而与轮毂的键槽顶面之间留间隙；钩头楔键的顶面有 1:100 的斜度，连接时将键打入键槽，因此，键的顶面和底面同为工作面，与槽底和槽顶都没有间隙，键的两侧面为非工作面，与键槽的两侧面留有间隙。常用键连接的画法如图 7.17 所示。

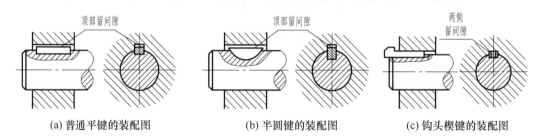

(a) 普通平键的装配图   (b) 半圆键的装配图   (c) 钩头楔键的装配图

图 7.17 常用键连接的画法

7.3.2 销连接

销是一种标准件，主要用于零件间的连接、定位、防松。常用的销有圆柱销、圆锥销和开口销等。销的种类、标记及连接画法见表 7-5。

表 7-5 销的种类、标记及连接画法

名称及标准编号	形状及主要尺寸	标记	连接画法
圆柱销 GB/T 119.1—2000		销 GB/T 119.1 $d \times l$	

名称及标准编号	形状及主要尺寸	标记	连接画法
圆锥销 GB/T 117—2000	1:50 d l	销 GB/T 117 $d \times l$	
开口销 GB/T 91—2000	l d	销 GB/T 91 $d \times l$	

7.4 齿 轮

齿轮是机械传动中应用较广的传动件，不仅可以传递动力，而且可以改变轴的转速和旋转方向。

常见的齿轮如图 7.18 所示。其中，圆柱齿轮常用于两平行轴的传动，锥齿轮常用于两相交（一般是正交）轴的传动，蜗杆与蜗轮常用于两交叉（一般是垂直交叉）轴的传动。

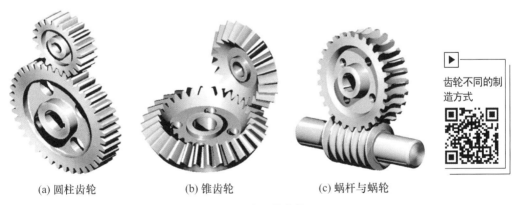

(a) 圆柱齿轮   (b) 锥齿轮   (c) 蜗杆与蜗轮

齿轮不同的制造方式

图 7.18 常见的齿轮

7.4.1 标准直齿圆柱齿轮的基本参数

直齿圆柱齿轮是常见齿轮。标准直齿圆柱齿轮的名称与代号如图 7.19 所示。

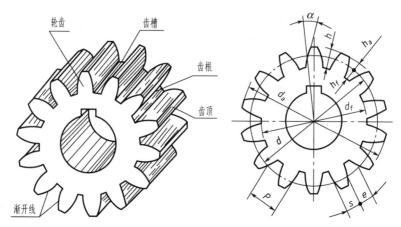

图 7.19　标准直齿圆柱齿轮的名称与代号

标准直齿圆柱齿轮的基本参数如下。

（1）齿数（z）：轮齿的数量。

（2）齿顶圆直径（d_a）：通过齿轮顶部的圆周直径。

（3）齿根圆直径（d_f）：通过齿轮根部的圆周直径。

（4）分度圆直径（d）：对标准齿轮来说，为齿厚（s）等于齿槽宽（e）处的圆周直径。

（5）齿高（h）：分度圆把轮齿分为两部分，自分度圆到齿顶圆的距离称为齿顶高，用 h_a 表示；自分度圆到齿根圆的距离称为齿根高，用 h_f 表示。齿顶高与齿根高之和为全齿高，用 h（$h = h_a + h_f$）表示。

（6）齿距（p）：分度圆上相邻两齿对应点之间的弧长。齿距与齿厚（s）、齿槽宽（e）有如下关系：齿距＝齿厚＋齿槽宽。

（7）模数（m）：由于分度圆周长 $pz = \pi d$，因此 $d = (p/\pi) z$。定义 $m = p/\pi$，单位为毫米（mm），由 $d = mz$ 可知，当齿数一定时，模数越大，分度圆直径越大，承载能力越强。为了便于制造和测量，模数的值已经标准化。齿轮模数系列见表 7 - 6。

表 7 - 6　齿轮模数系列

第一系列	1，1.25，1.5，2，2.5，3，4，5，6，8，10，12，16，20，25，32，40，50
第二系列	1.125，1.375，1.75，2.25，2.75，3.5，4.5，5.5，（6.5），7，9，11，14，18，22，28，36，45

注：选用模数时，优先选用第一系列，其次选用第二系列，括号内的模数尽量不用。

7.4.2　标准直齿圆柱齿轮的规定画法

1. 单个齿轮的画法

齿轮的轮齿比较复杂且较多，为简化作图，国家标准对齿轮画法作出如下规定。

（1）齿轮一般用两个视图表示，如图 7.20（a）所示；或用一个视图和一个局部视图表示，如图 7.20（b）所示。

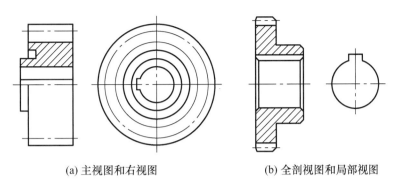

(a) 主视图和右视图   (b) 全剖视图和局部视图

图 7.20 单个圆柱齿轮的画法

（2）齿顶圆和齿顶线用粗实线绘制。

（3）分度圆和分度线用细点画线绘制。

（4）齿根圆和齿根线用细实线绘制，也可省略不画；但在剖视图中，齿根线用粗实线绘制。

2. 一对齿轮啮合的画法

两齿轮啮合时，除啮合区外，其余部分的结构都按单个齿轮的画法绘制，绘图时应注意以下三点。

（1）画啮合图时，一般用两个视图表示。在垂直于圆柱齿轮轴线的视图中，两分度圆相切；啮合区内的齿顶圆用粗实线绘制，如图 7.21（a）所示，或省略不画，如图 7.21（b）所示；齿根线用细实线绘制或省略不画。

（2）在圆柱齿轮啮合的剖视图中，在啮合区内，一个齿轮的轮齿用粗实线绘制，另一个齿轮的轮齿被遮挡部分用虚线绘制，如图 7.21（a）所示，或被遮挡部分省略不画。

（3）在平行于圆柱齿轮轴线的外形视图中，两分度线重合，用粗实线绘制；啮合区的齿顶线不必画出，如图 7.21（b）所示。

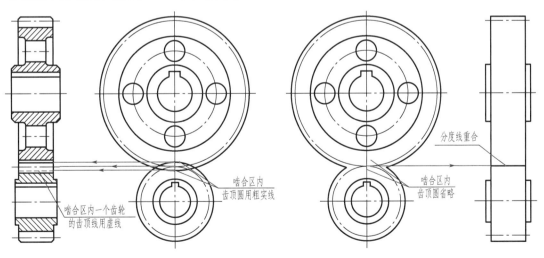

(a) 全剖视图与左视图   (b) 左视图与外形图

图 7.21 两圆柱齿轮啮合时的画法

7.5 弹 簧

弹簧是一种常用件，具有储存能量的特性，去除外力后能立即恢复原状，用于减振、夹紧、储存能量和测力等。弹簧的种类很多，常用的有压缩弹簧、拉伸弹簧、扭转弹簧、板弹簧和平面涡卷弹簧等，如图 7.22 所示。

弹簧是怎样制造的

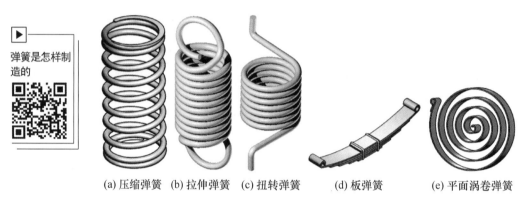

(a) 压缩弹簧 (b) 拉伸弹簧 (c) 扭转弹簧 (d) 板弹簧 (e) 平面涡卷弹簧

图 7.22 常用弹簧

7.5.1 圆柱螺旋压缩弹簧的基本参数

圆柱螺旋压缩弹簧的基本参数如图 7.23 所示。

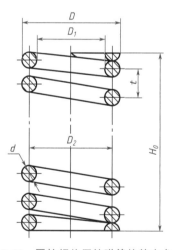

图 7.23 圆柱螺旋压缩弹簧的基本参数

（1）弹簧丝直径（d）：又称线径，是指用于制造弹簧的钢丝直径。

（2）弹簧外径（D）：弹簧外圈直径。

（3）弹簧内径（D_1）：弹簧内圈直径，$D_1 = D - 2d$。

（4）弹簧中径（D_2）：弹簧外径和弹簧内径的平均值，$D_2 = (D_1 + D)/2 = D_1 + d = D - d$。

（5）节距（t）：有效圈内相邻两圈的轴向距离。

（6）支承圈数（n_2）：为使压缩弹簧工作时受力均匀、平稳性好，常将弹簧的两端并紧、磨平，这种弹簧端部用于支承或固定的圈数称为支承圈数，支承圈数一般为 2.5 圈。

（7）有效圈数（n）：用于计算弹簧总变形量的圈数。

（8）总圈数（n_1）：弹簧的支承圈数与有效圈数之和，即 $n_1 = n_2 + n_0$。

（9）自由高度（长度）（H_0）：弹簧在无负荷作用下的高度（长度），$H_0 = nt + (n_2 - 0.5)d$。

（10）旋向：螺旋弹簧分右旋和左旋两种，其中右旋弹簧最常见。

7.5.2 圆柱螺旋弹簧的规定画法

国家标准对圆柱螺旋弹簧的画法作出以下规定。

（1）在平行于轴线的投影面上，弹簧各圈的转向轮廓素线画成直线。

（2）右旋弹簧画成右旋。左旋弹簧允许画成右旋，但需加注"左"字。

（3）有效圈数大于四圈的弹簧，中间各圈可省略不画，而通过簧丝中心用细点画线连接起来，并且长度可适当减小。

（4）对于两端并紧、磨平的压缩弹簧，无论支承圈数和并紧情况如何，都可按支承圈数 2.5、磨平圈数 1.5 的形式绘制。圆柱螺旋弹簧的规定画法如图 7.24 所示。

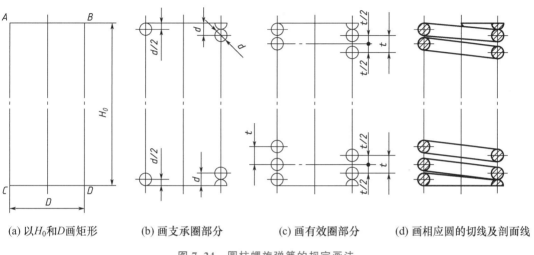

| (a) 以H_0和D画矩形 | (b) 画支承圈部分 | (c) 画有效圈部分 | (d) 画相应圆的切线及剖面线 |

图 7.24　圆柱螺旋弹簧的规定画法

7.5.3 弹簧在装配图中的画法

（1）弹簧中间各圈采用简化画法，弹簧后面的机件一般省略不画，可见轮廓线只画到弹簧的外轮廓线或簧丝剖面的中心线处。

（2）被剖切弹簧的截面尺寸在图形上小于或等于 2mm，其断面可以涂黑表示或采用示意画法。弹簧在装配图中的画法如图 7.25 所示。

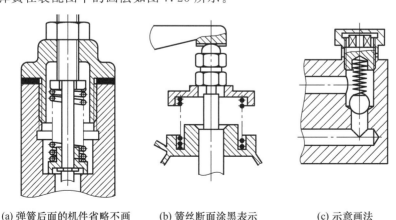

(a) 弹簧后面的机件省略不画　　(b) 簧丝断面涂黑表示　　(c) 示意画法

图 7.25　弹簧在装配图中的画法

7.6　滚动轴承

滚动轴承是支承轴旋转的部件。由于它具有摩擦力小、结构紧凑等特点，因此得到了广泛应用。滚动轴承的种类很多，且已标准化，选用时可查阅相关标准。

轴承内钢珠是如何放进去的

7.6.1　滚动轴承的结构及分类

1. 滚动轴承的结构

滚动轴承一般由内圈、外圈、滚动体、保持架四部分组成，如图 7.26 所示。

（1）内圈：内圈与轴配合，通常与轴一起转动。内圈孔径称为轴承内径，用符号 d 表示，是轴承的规格尺寸。

（2）外圈：外圈固定在机体或轴承座内，一般不转动。

（3）滚动体：滚动体位于内、外圈的滚道之间，滚动体的形状有球、圆柱、圆锥等。

（4）保持架：用于保持滚动体在滚道之间有一定的距离，防止其摩擦和碰撞。

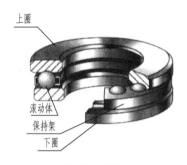

(a) 深沟球轴承　　　　(b) 推力球轴承　　　　(c) 圆锥滚子轴承

图 7.26　滚动轴承的结构

2. 滚动轴承的分类

滚动轴承的分类方法很多，按承载特性可分为以下三类。

（1）向心轴承：主要承受径向载荷，如深沟球轴承。

（2）推力轴承：主要承受轴向载荷，如推力球轴承。

（3）向心推力轴承：同时承受径向载荷和轴向载荷，如圆锥滚子轴承。

7.6.2　滚动轴承的代号

1. 滚动轴承代号的构成

滚动轴承代号是用字母加数字表示滚动轴承的结构、尺寸、公差等级、技术性能等特征的产品符号。滚动轴承代号由前置代号、基本代号和后置代号三部分构成，其排列顺序如下。

2. 滚动轴承（滚针轴承除外）基本代号

基本代号表示轴承的基本类型、结构和尺寸，是滚动轴承代号的基础。基本代号由类型代号、尺寸系列代号和内径代号构成，其排列顺序如下。

（1）类型代号：类型代号用数字或大写拉丁字母表示，滚动轴承类型代号见表7-7。

表 7-7 滚动轴承类型代号

代号	轴承类型	代号	轴承类型
0	双列角接触球轴承	6	深沟球轴承
1	调心球轴承	7	角接触球轴承
2	调心滚子轴承和推力调心滚子轴承	8	推力圆柱滚子轴承
3	圆锥滚子轴承	N	圆柱滚子轴承
4	双列深沟球轴承	U	外球面球轴承
5	推力球轴承	QJ	四点接触球轴承

注：在表中代号前或后加字母或数字表示该类轴承中的不同结构。

（2）尺寸系列代号：尺寸系列代号由轴承的宽（高）度系列代号和直径系列代号组成，用数字表示。

（3）内径代号：内径代号表示轴承的公称内径，用数字表示。

7.6.3 滚动轴承的画法

滚动轴承的画法有简化画法和规定画法两种，见表7-8。

表 7-8 滚动轴承的简化画法和规定画法

类型名称和标准编号	简化画法		规定画法
	通用画法	特征画法	
深沟球轴承 GB/T 276—2013			

类型名称和标准编号	简化画法		规定画法
	通用画法	特征画法	
圆锥滚子轴承 GB/T 297—2015			
推力球轴承 GB/T 301—2015			

1. 简化画法

简化画法包括通用画法和特征画法。在同一图样中，一般只采用一种画法。

（1）通用画法：在剖视图中，当不需要确切地表示滚动轴承的外形轮廓、载荷特性、结构特征时，可采用通用画法，即用矩形线框及位于线框中央正立的"十"字形符号表示。"十"字形符号不应与矩形线框接触。通用画法应绘制在轴的两侧。

（2）特征画法：在剖视图中，当需较形象地表示滚动轴承的结构特征时，可采用特征画法，即在矩形线框内画出结构要素符号表示结构特征。特征画法应绘制在轴的两侧。

用简化画法绘制滚动轴承时应注意以下两点：①各种符号、矩形线框和轮廓线均用粗实线绘制；②矩形线框或外形轮廓的尺寸应与滚动轴承的外形尺寸一致。

2. 规定画法

在滚动轴承的产品图样、产品样本及说明书中，可采用规定画法绘制滚动轴承。在装配图中，规定画法一般采用剖视图绘制在轴的一侧，另一侧用通用画法绘制。

采用规定画法绘制滚动轴承的剖视图时，滚动体不画剖面线，内、外套圈等可画成方向和间隔相同的剖面线。在不致引起误解的情况下，可省略不画。

第 **8** 章
零件图

 本章教学要点

知识要求	能力要求	相关知识
零件图的基本知识	1. 了解零件图的作用。 2. 熟悉零件图的内容	零件图的作用，零件图的内容
零件图的视图选择	1. 熟悉主视图的选择。 2. 熟悉其他视图的选择	主视图的选择，其他视图的选择
零件图的技术要求	1. 熟悉零件的表面结构。 2. 掌握极限与配合。 3. 掌握几何公差	零件的表面结构，极限与配合，几何公差
零件图的画法	掌握零件图的画法	零件图的画法
识读零件图	1. 掌握识读零件图的目的和步骤。 2. 掌握典型零件图例分析	识读零件图

飞机的起落架

小身躯有大力量！飞机起落架为什么那么强？

飞机起落架是机身的支点，也是飞机起飞的起点。天空中，它隐匿自己；着陆时，它承载千钧。起落架看似简单，但结构很复杂。

小小的身躯，大大的能量，起落架撑起了几十倍于自身质量的机身，保障了飞机滑跑、转弯、刹车等一系列地面动作。虽然它体积不大，但由上千个零件构成，是飞机机载系统中结构功能较复杂、涉及专业领域（机械结构疲劳、振动、结构动力学、流体动力学、热力学、自动控制等）极广的重要功能系统。

几十吨、上百吨的飞机以超过 200km/h 的速度降落到地面，对起落架的材料强度有什么要求呢？满足这种严苛要求的主承力材料多为 300M 钢和 A100 钢，以及少量高

飞机起落架到底有多复杂？

强度铝合金和钛合金等，它们的共同特点是难加工，需要克服抗疲劳、裂纹、扩展速率、缺口、敏感度等工艺难关。薄壁大孔径大型复杂零件高精、高效加工是现代飞机起落架加工的共同特点和难点，其制造过程涉及金刚石磨削，超精加工、切削加工烧伤控制及检测，深孔加工，钛合金零件焊接等复杂技术，需要使用高压真空电子束焊、大型真空热处理、表面处理等工艺，整个过程十分严格、精细，以确保起落架使用寿命长、可靠性强。

随着航空技术的发展，为实现使用寿命长、可靠性强、尺寸小、质量轻的目标，起落架已从纯机械结构向机电液复合结构发展，从陆空使用环境向水陆空使用环境发展，在设计上应用信息、微电子、微机电、新材料、新动力等技术，更安全、功能更强大。

8.1 零件图的基本知识

8.1.1 零件图的作用

任何一台机器或部件都是由若干零件装配起来的，零件是机器或部件的基本组成单元。在机器或部件中，除标准件外，其余零件都应画出零件图。零件图是表达零件结构形状、尺寸和技术要求的图样，是零件生产和检验的依据。

8.1.2 零件图的内容

一张完整的零件图包括以下内容。

1. 一组图形

用一组恰当的图形（如局部视图、剖视图、断面图及其他规定画法等）正确、完整、清晰地表达零件各组成部分的内外形状和位置关系。

2. 全部尺寸

在零件图上，应正确、完整、清晰、合理地标注制造和检验零件时需要的全部尺寸，以确定其结构尺寸。

3. 技术要求

用国家标准中规定的代号、符号、数字、字母和文字说明等简要地标出或说明零件在制造、检验和装配过程中应达到的各项技术要求，如表面结构、尺寸公差、几何公差、热处理等。

4. 标题栏

标题栏应配置在图框的右下角，主要内容有零件的名称、材料、数量、比例、图样代号，以及设计者、审核者的姓名和日期等。

8.2 零件图的视图选择

零件图视图选择的原则如下：能正确、完整、清晰地表达零件的结构形状及各结构之间的相对位置，在便于看图的前提下，力求画图简便。要满足这些要求，首先要对零件的形状特点进行分析，了解零件在机器或部件中的位置、作用及加工方法；其次选择主视图和其他视图，以确定一个较合理的表达方案。

8.2.1 主视图的选择

主视图是一组视图的核心。从"看图方便"的基本要求出发，在选择主视图时，应综合考虑以下三个原则。

1. 形状特征原则

主视图的投射方向应为最能表达零件各部分的形状特征的方向。按形状特征原则选择支座主视图如图 8.1 所示。在 K、Q、R 三个视图方向中，K 向的投影能够清楚地显示出该支座各部分形状、大小及相互位置，将 K 向作为主视图投射方向更能清楚地显示零件的形状特征。

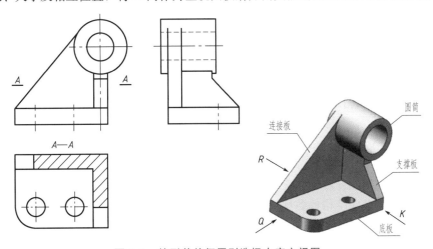

图 8.1 按形状特征原则选择支座主视图

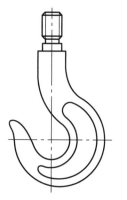

图 8.2 按工作位置原则选择吊钩主视图

2. 工作位置原则

主视图的投射方向应符合零件在机器上的工作位置。按工作位置原则选择吊钩主视图如图 8.2 所示，吊钩的主视图既显示了吊钩的形体特征，又反映了工作位置。

3. 加工位置原则

主视图的投射方向应尽量与零件主要的加工位置一致。由于轴类零件的主要加工工序在车床和磨床上完成，因此，零件主视图应选择其轴线水平放置，以便看图加工。为轴、套、轮、盘类等回转体零件选择主视图时，一般应遵循加工位置原则。按加工位置原则选择主视图如图 8.3 所示。

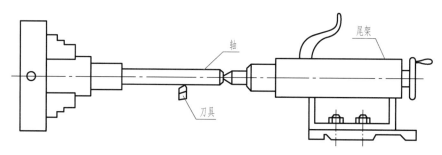

图 8.3 按加工位置原则选择主视图

8.2.2 其他视图的选择

一般情况下，一个主视图不能完全表达零件的形状和结构，还必须配合其他视图。因此，主视图确定后，要分析还有哪些形状结构没有完全表达，从而选择适当的其他视图（如剖视图、断面图和局部视图等）表达。在选择其他视图时，应优先选用基本视图，当有需要表达的内部结构时，应尽量在基本视图上作剖视。

8.3 零件图的技术要求

零件图中除了具备视图和尺寸标注，还应具备加工和检验零件时满足的技术要求。技术要求通常用符号、代号或标记标注在图形上，或者用简明的文字注写在标题栏附近。

8.3.1 零件的表面结构

表面结构是表面粗糙度、表面波纹度、表面缺陷、表面纹理和表面几何形状的总称。国家标准中规定了表面结构的各项要求在图样上的表示法。下面主要介绍常用的表面粗糙度表示法。

1. 表面粗糙度

经过机械加工后的零件表面会留有许多高低不平的凸峰和凹谷，零件加工表面上较小间距与峰谷组成的微观几何形状特性称为表面粗糙度，如图 8.4 所示。表面粗糙度与加工方法、刀刃形状和走刀量等有密切关系。

图 8.4　表面粗糙度

表面粗糙度是评定零件表面质量的重要技术指标，对零件的配合、耐磨性、抗腐蚀性及密封性等都有显著影响，是零件图中必不可少的技术要求。

2. 表面粗糙度的评定参数

表面粗糙度常用轮廓算术平均偏差 Ra 和轮廓最大高度 Rz 评定。其中，Ra 能较充分地反映零件表面微观形状高度方向的特性，且测量方便，推荐优先选用。

轮廓算术平均偏差 Ra 是指在一个取样长度内纵坐标值 $Z(x)$ 绝对值的算术平均值，如图 8.5 所示，其近似值

$$Ra = \frac{1}{n} \sum_{i=1}^{n} |Z(x_i)|$$

轮廓最大高度 Rz 是指在同一取样长度内，最大轮廓峰高与最大轮廓谷深之和，如图 8.5 所示。

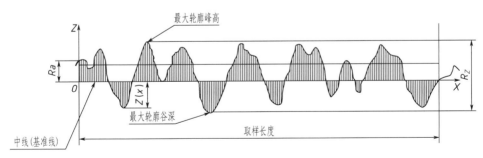

图 8.5　轮廓算术平均偏差 Ra 和轮廓最大高度 Rz

表面粗糙度的选用应该既满足零件表面的功用要求，又考虑经济合理性。一般情况下，凡是零件上有配合要求或有相对运动的表面，表面粗糙度值都要小。表面粗糙度值越小，零件表面质量要求越高，加工成本越高。因此，在满足使用要求的前提下，应尽量选用较大的表面粗糙度值，以降低成本。

3. 表面结构的符号

表面结构的符号及含义见表 8-1。

表 8-1　表面结构的符号及含义

符号名称	符号	含义
基本符号		表示未指定工艺方法的表面。当该符号作为注解时，可单独使用
扩展符号		表示用去除材料的方法获得的表面，仅当含义是"被加工表面"时，可单独使用
		表示不去除材料的表面，也可用于表示保持原供应状况或上道工序形成的表面（无论是否已去除材料）
完整符号	允许任何工艺　去除材料　不去除材料	当需要标注表面结构特征的补充信息时，在上述三个符号的长边加一条横线，标注有关参数或说明
		表示视图中封闭的轮廓线表示的所有表面具有相同的表面粗糙度要求

4. 表面结构代号

为了明确表面结构要求，除了标注表面结构参数和数值，还应标注补充要求，包括传输带、取样长度、加工工艺、表面纹理及方向、加工余量等。补充要求的注写位置如图 8.6 所示。注写了具体参数代号及数值等要求的表面结构符号，称为表面结构代号。

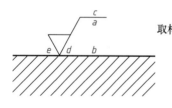

位置 a：注写第一个表面结构要求，如结构参数代号、极限值、取样长度或传输带等。参数代号与极限值之间应插入空格。
位置 b：注写第二个或多个表面结构要求。
位置 c：注写加工方法、表面处理或涂层等，如"车""磨"等。
位置 d：注写要求的表面纹理和纹理方向，如"＝""M"等。
位置 e：注写要求的加工余量。

图 8.6　补充要求的注写位置

5. 表面结构要求在图样中的标注

（1）一般每个表面只标注一次表面结构要求，并尽可能标注在相应的尺寸及其公差的同一视图上。除非另有说明，标注的表面结构要求都是对完工零件表面的要求。

（2）表面结构的注写和读取方向与尺寸的注写和读取方向一致。表面结构要求可标注在轮廓线上，其符号应从材料外指向并接触表面，如图 8.7 所示。必要时，可用带箭头或黑点的指引线引出标注，如图 8.8 所示。

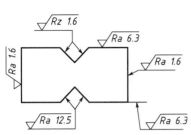

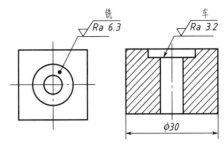

图 8.7　在轮廓上标注表面结构要求　　　图 8.8　用指引线引出标注表面结构要求

（3）在不致引起误解的情况下，可以在给定的尺寸线上标注表面结构要求，如图 8.9 所示。

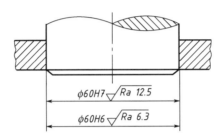

图8.9　在给定的尺寸线上标注表面结构要求

（4）在几何公差框格的上方标注表面结构要求如图 8.10 所示。

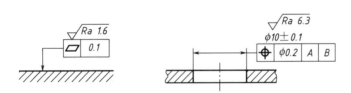

图 8.10　在几何公差框格的上方标注表面结构要求

（5）圆柱和棱柱表面的表面结构要求只标注一次，如图 8.11 所示。如果每个棱柱表面有不同的表面要求，则应单独标注，如图 8.12 所示。

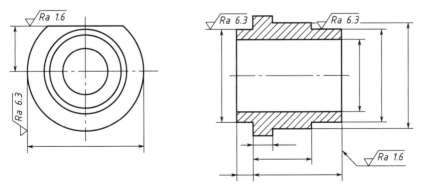

图 8.11　在圆柱表面的延长线上标注表面结构要求

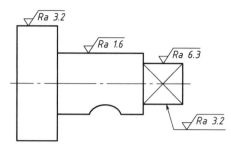

图 8.12 单独标注表面结构要求

6. 表面结构要求在图样中的简化标注

（1）有相同表面结构要求的简化标注。

当工件的多数（包括全部）表面有相同的表面结构要求时，可统一标注在图样的标题栏附近，除全部表面有相同要求外，表面结构要求的符号后面：①在圆括号内给出无任何其他标注的基本符号，如图 8.13（a）所示；②在圆括号内给出不同的表面结构要求，如图 8.13（b）所示。

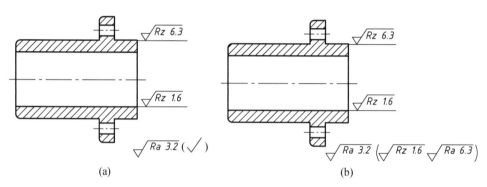

图 8.13 大多数表面有相同表面结构要求的简化标注

不同的表面结构要求应直接标注在图形中，如图 8.13 所示。

（2）多个表面有相同表面结构要求的标注。

当多个表面有相同表面结构要求或图纸的标注空间较小时，可采用图 8.14 所示的两种简化标注方法。无论采用哪种简化标注方法，都必须在标题栏附近以等式的形式写出具体表示的表面粗糙度值。

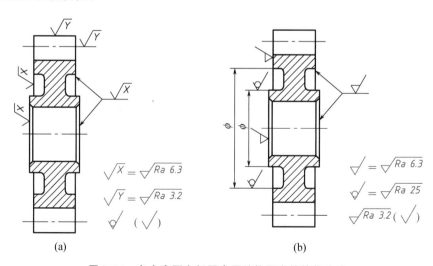

图 8.14 多个表面有相同表面结构要求的简化注法

（3）多种工艺获得的同一表面的标注。

由多种工艺获得的同一表面，当需要明确每种工艺的表面结构要求时，可按图8.15（a）所示标注（图中 Fe 表示基本材料为钢，Ep 表示加工工艺为电镀）。

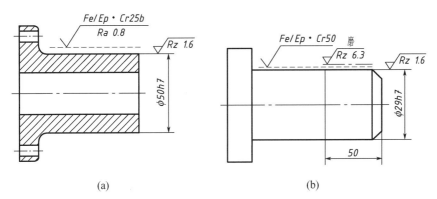

(a)　　　　　　　　　　　　　(b)

图 8.15　多种工艺获得同一表面的注法

如图8.15（b）所示，三个连续加工工序的表面结构、尺寸和表面处理的标注如下。

第一道工序：单向上限值，$Rz=1.6\mu m$，表面纹理没有要求，去除材料的工艺。

第二道工序：镀铬，无其他表面结构要求。

第三道工序：单向上限值，仅对长度为50mm的圆柱表面有效，$Rz=6.3\mu m$，表面纹理没有要求，磨削加工工艺。

8.3.2　极限与配合

在成批或大量生产中，同一批零件在装配前不经过挑选或修配，任取其中一件进行装配，装配后能满足设计要求和使用性能要求，零件的这种在尺寸与功能上可以相互替代的性质称为互换性。零件之间具有互换性，可以实现产品质量标准化、品种规格系列化和零部件通用化，还可以缩短生产周期、降低成本、保证质量、便于维修等。极限与配合是保证零件具有互换性的重要指标。

1. 尺寸公差和极限

在制造零件的过程中，受加工或测量等因素的影响，实际尺寸总是存在一定程度的误差。为保证零件的互换性，必须将零件的实际尺寸控制在允许变动的范围内，这个允许的尺寸变动量称为尺寸公差，简称公差；允许变动的两个极端界限称为极限尺寸。下面以图8.16所示的极限与公差的基本术语为例进行介绍。

（1）公称尺寸。

公称尺寸是指根据零件的强度要求和结构要求设计时给定的尺寸，如图8.16所示，孔、轴的尺寸为 $\phi50$。

（2）实际尺寸。

实际尺寸是指零件经加工后，实际测量得到的尺寸。

（3）极限尺寸。

极限尺寸是指允许零件实际尺寸变化的两个极限值，分为最大极限尺寸和最小极限尺寸两种，实际尺寸在这两个尺寸之间为合格。

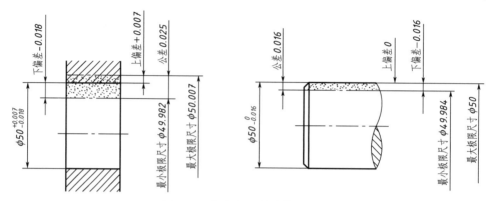

图 8.16　极限与公差的基本术语

（4）极限偏差。

极限偏差是指零件的极限尺寸减去其公称尺寸后得到的代数差。极限偏差分为上极限偏差和下极限偏差。

$$上极限偏差＝最大极限尺寸－公称尺寸$$
$$下极限偏差＝最小极限尺寸－公称尺寸$$

上极限偏差和下极限偏差可以是正值、负值或零。国家标准规定，孔的上、下极限偏差代号分别用大写字母 ES 和 EI 表示；轴的上、下极限偏差代号分别用小写字母 es 和 ei 表示。如图 8.17 所示，孔的上极限偏差 ES＝＋0.007mm，轴的上极限偏差 es＝0；孔的下极限偏差 EI＝－0.018mm，轴的下极限偏差 ei＝－0.016mm。

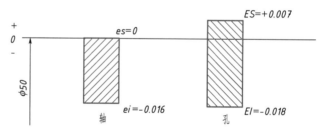

图 8.17　公差带图

（5）尺寸公差。

尺寸公差，简称公差，是指允许尺寸的变动量，即尺寸公差＝最大极限尺寸－最小极限尺寸＝上极限偏差－下极限偏差。如图 8.17 所示，孔公差＝ES－EI＝＋0.007－（－0.018）＝0.025mm；轴公差＝es－ei＝0－（－0.016）＝0.016mm。

公差仅表示尺寸允许变动的范围，为正值。孔和轴的公差分别用 T_h 和 T_s 表示。公差值越小，零件的尺寸精度越高，实际尺寸允许的变动量越小；公差值越大，零件的尺寸精度越低，实际尺寸允许的变动量越大。

（6）公差带。

公差带是代表上极限偏差和下极限偏差或上极限尺寸和下极限尺寸的两条直线限定的区域。为了方便分析公差，一般只画出放大的孔、轴公差带位置关系，这种表示公称尺寸、尺寸公差和位置关系的图形称为公差带图。在公差带图中，用零线表示公称尺寸；以该线为基准，上方为正，下方为负；用矩形的高度表示尺寸的变化范围（公差），矩形的上边代表上极限偏差，矩形的下边代表下极限偏差，矩形的长度无实际意义，如图 8.17 所示。

2. 标准公差、基本偏差与公差带代号

由图 8.17 可以看出，决定公差带的因素有两个：一是公差带的大小（矩形的高度），二是公差带与零线的位置。规定用标准公差和基本偏差表达公差带。

（1）标准公差。

标准公差（IT）用于确定公差带的大小。标准公差分为 20 个等级，即 IT01，IT0，IT1，…，IT18。其中 IT01 级的精度最高，IT18 级的精度最低。因为标准公差等级 IT01、IT0 在工业上应用很少，所以已删除其标准公差数值。

（2）基本偏差。

基本偏差用于确定公差带相对零线位置的上极限偏差或下极限偏差，一般是指靠近零线的极限偏差。国家标准对孔、轴各规定 28 个基本偏差，其代号用拉丁字母表示，大写拉丁字母表示孔，小写拉丁字母表示轴，如图 8.18 所示。H 的基本偏差是下极限偏差，EI＝0；h 的基本偏差是上极限偏差，es＝0。

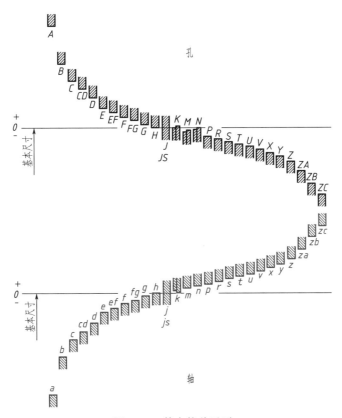

图 8.18　基本偏差系列

（3）公差带代号。

公差带代号由基本偏差代号和公差等级组成，孔、轴的具体上、下极限偏差值可查相

关表。例如，60H7 中，60 表示公称尺寸，H 表示基本偏差代号（大写拉丁字母表示孔），7 表示公差等级为 7 级，查表可知其上极限偏差为＋0.030mm，下极限偏差为 0。

3. 配合

公称尺寸相同的一批相互结合的孔和轴的公差带之间的关系称为配合。按照孔和轴公差带间的相对位置关系，配合可分为间隙配合、过盈配合和过渡配合，如图 8.19 所示。

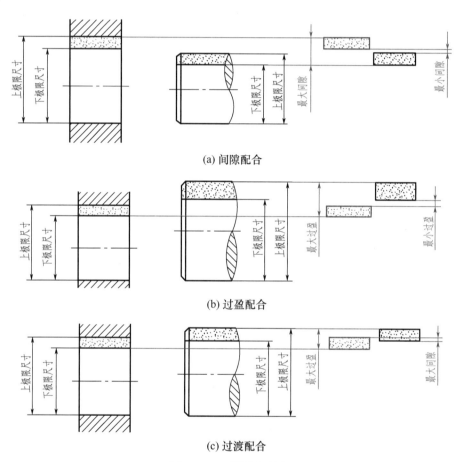

(a) 间隙配合

(b) 过盈配合

(c) 过渡配合

图 8.19　三种配合制度

间隙配合：孔与轴装在一起时具有间隙（包括最小间隙等于零）的配合。此时，孔的公差带在轴的公差带上方，如图 8.19（a）所示。间隙配合主要用于孔、轴间需要产生相对运动的活动连接。

过盈配合：孔与轴装在一起时具有过盈（包括最小过盈等于零）的配合。此时，孔的公差带在轴的公差带下方，如图 8.19（b）所示。过盈配合主要用于孔、轴间不允许产生相对运动的紧固连接。

过渡配合：孔与轴装在一起时既可能存在间隙又可能存在过盈的配合。此时，孔的公差带与轴的公差带相互交叠，如图 8.19（c）所示。过渡配合主要用于孔、轴间的定位连接。

4. 配合制度及其选择

配合制度是指孔和轴公差带形成配合的一种制度。根据生产实际需要，国家标准规定了如下两种配合制度。

（1）基孔制配合：基本偏差一定的孔的公差带与不同基本偏差的轴的公差带形成不同松紧程度配合的一种制度。基孔制配合的孔称为基准孔，其基本偏差代号为"H"，下极限偏差为零（最小极限尺寸等于公称尺寸），如图 8.20 所示。

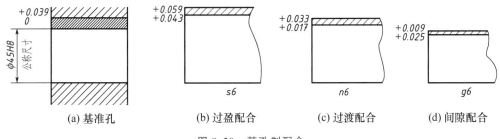

图 8.20　基孔制配合

（2）基轴制配合：基本偏差一定的轴的公差带与不同基本偏差的孔的公差带形成不同松紧程度配合的一种制度。基轴制配合的轴称为基准轴，其基本偏差代号为"h"，上极限偏差为零（最大极限尺寸等于公称尺寸），如图 8.21 所示。

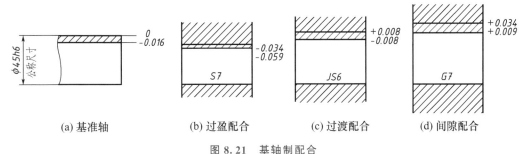

图 8.21　基轴制配合

选择配合制度时，需要考虑以下几个原则。

（1）一般情况下，优先选用基孔制配合，因为加工相同公差等级的孔和轴时，孔的加工难度比轴的加工难度大。

（2）与标准件配合时，配合制度由标准件决定。例如，滚动轴承内圈与轴应选用基孔制配合，而滚动轴承外圈与轴承座孔应选用基轴制配合。

（3）基轴制配合主要用于结构设计要求不适合采用基孔制配合的场合。例如，同一轴与多个具有不同公差带的孔配合时，应选择基轴制配合。

5. 极限与配合的标注

（1）在零件图中的标注。

在零件图中，尺寸公差有以下三种标注形式。

① 用于大批量生产的零件，可只标注公差带代号，如图 8.22（a）所示。

② 用于中小批量生产的零件，一般可标注极限偏差，如图 8.22（b）所示，此时极限

偏差值的字号比公称尺寸的字号小一号。

③ 当需要同时标注公差带代号和对应的偏差值时，应该在偏差值上加上圆括号，如图 8.22（c）所示。

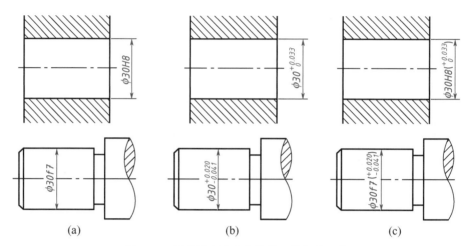

图 8.22　零件图中尺寸公差的三种标注形式

（2）在装配图中的标注。

在装配图上标注配合代号时，采用组合式注法，如图 8.23（a）至图 8.23（c）所示，在公称尺寸后面用分式表示，分子为孔的公差带代号，分母为轴的公差带代号。

对于与轴承、齿轮等标准件配合的零件（非标准件），只需在装配图中标注公差带代号即可，如图 8.23（d）所示，轴承外圈是基准轴，内圈是基准孔，在装配图上只需标注与轴承配合的轴、孔的公差带代号即可。

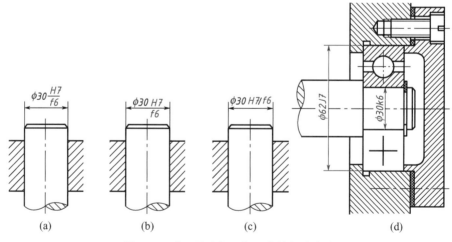

图 8.23　装配图上极限与配合的标注方法

6. 配合代号识读举例

配合代号识读举例见表 8-2，内容包括孔的极限偏差、轴的极限偏差、公差、配合制度与类别、公差带图解。阅读时，要注意横向内容的分析和比较，并根据给出的配合代号查表，与表中的数值核对，再根据孔、轴的极限偏差查出公差代号。

表 8-2　配合代号识读举例

代号	项目				
	孔的极限偏差	轴的极限偏差	公差	配合制度与类别	公差带图解
f60 $\frac{H7}{n6}$	+0.030 0		0.030	基孔制过渡配合	
		+0.039 +0.020	0.019		
f20 $\frac{H7}{s6}$	+0.021 0		0.021	基孔制过盈配合	
		+0.048 +0.035	0.013		
f30 $\frac{H8}{f7}$	+0.033 0		0.033	基孔制间隙配合	
		−0.020 −0.041	0.021		
f24 $\frac{G7}{h6}$	+0.028 +0.007		0.021	基轴制间隙配合	
		0 −0.013	0.013		
f100 $\frac{K7}{h6}$	+0.010 −0.025		0.035	基轴制过渡配合	
		0 −0.022	0.022		
f75 $\frac{R7}{h6}$	−0.032 −0.062		0.030	基轴制过盈配合	
		0 −0.019	0.019		
f50 $\frac{H6}{h5}$	+0.016 0		0.016	基孔制配合，也可视为基轴制配合，是最小间隙为零的一种间隙配合	
		0 −0.011	0.011		

8.3.3　几何公差

在实际生产中，经过加工的零件不仅会出现尺寸误差，而且会出现形状误差和位置误差。例如，加工轴时，其直径符合尺寸要求，但轴线弯曲，仍然是不合格产品。所以，不仅要保证零件的表面粗糙度、尺寸公差，而且要限制零件宏观的几何形状和相对位置公差。

141

1. 几何公差的符号

几何公差用于限制实际要素的形状或位置误差，是实际要素的允许变动量，包括形状公差、方向公差、位置公差和跳动公差。几何公差的特征符号见表 8-3。

表 8-3　几何公差的特征符号

类型	几何特征	符号	有无基准	类型	几何特征	符号	有无基准
形状公差	直线度	——	无	位置公差	位置度	⊕	有或无
	平面度	▱	无		同心度（用于中心点）	◎	有
	圆度	○	无		同轴度（用于轴线）	◎	有
	圆柱度	⌀	无				
	线轮廓度	⌒	无		对称度	=	有
	面轮廓度	◠	无		线轮廓度	⌒	有
方向公差	平行度	//	有		面轮廓度	◠	有
	垂直度	⊥	有				
	倾斜度	∠	有	跳动公差	圆跳动	↗	有
	线轮廓度	⌒	有		全跳动	↗↗	有
	面轮廓度	◠	有				

2. 要素的分类

几何要素（简称要素）是指构成零件几何特征的点、线、面，可分为组成要素（轮廓要素）、导出要素（中心要素）、被测要素、基准要素、单一要素和关联要素。

（1）组成要素：构成零件外形，能被人们看得见、触摸到的点、线、面。如图 8.24 所示，零件上的锥顶点、回转体的轮廓面以及球面、圆锥面、端面、圆柱面均为组成要素。

（2）导出要素：依附于组成要素存在的点、线、面，这些要素看不见、触摸不到。如图 8.24 所示，圆球面的球心、圆锥和圆柱面的回转轴线以及对称结构的对称平面均为导出要素。

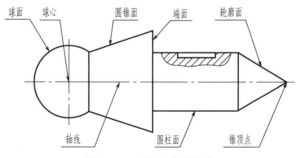

图 8.24　几何要素的概念

（3）被测要素：图样上给出几何公差要求的要素，是检测的对象。

（4）**基准要素**：图样上规定用来确定被测要素几何位置关系的要素。

（5）**单一要素**：按本身功能要求给出形状公差的被测要素。

（6）**关联要素**：相对基准要素有功能关系而给出位置公差的被测要素。

3. 几何公差代号与基准代号

几何公差代号一般由带箭头的引线、公差框格、几何特征符号、公差值及基准代号的字母（只有具有基准的几何特征才有基准代号字母）组成，如图 8.25（a）所示。基准代号由正方形线框、字母和带黑三角（或白三角）的引线组成，如图 8.25（b）所示，其中 h 表示字体高度。

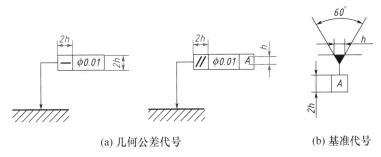

(a) 几何公差代号　　　　　　　　(b) 基准代号

图 8.25　几何公差代号与基准代号

几何公差代号和基准代号可水平放置或垂直放置，水平放置时由左向右填写，垂直放置时由下向上填写。当公差带为圆形或圆柱形时，公差值前应加注符号"ϕ"，被测要素为导出要素的标注法如图 8.26 所示；当公差带为圆球形时，公差值前应加注符号"$S\phi$"。

4. 几何公差的标注方法

（1）当被测要素或基准要素为轮廓线或轮廓表面时，带指引线的箭头和基准符号应置于被测要素的轮廓线或其延长线上，且必须与尺寸线明显错开。被测要素和基准要素为轮廓要素的标注法如图 8.27 所示。

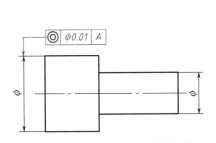

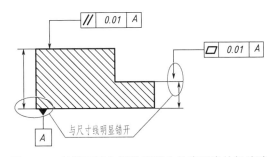

图 8.26　被测要素为导出要素的标注法　　图 8.27　被测要素和基准要素为轮廓要素的标注法

（2）当被测要素和基准要素为轴线、中心平面或中心点时，带指引线的箭头和基准符号应与被测要素的尺寸线对齐。被测要素和基准要素为轴线的标注法如图 8.28 所示。

（3）当多个不同被测要素具有相同公差项目和数值时，从框格一端画出公共指引线，将带箭头的指引线分别指向被测要素。具有相同几何公差的标注法如图 8.29 所示。

（4）当同一被测要素具有不同的公差项目时，两个公差框格可上下并列，并共用一条带箭头的指引线。具有多个不同公差项目的标注法如图 8.30 所示。

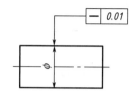

图 8.28　被测要素和基准要素为轴线的标注法

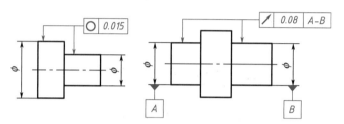

图 8.29　具有相同几何公差的标注法

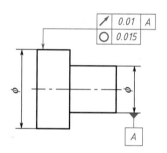

图 8.30　具有多个不同公差项目的标注法

5. 几何公差识读

几何公差识读示例如图 8.31 所示。

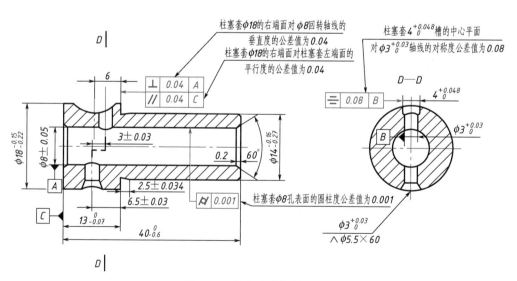

图 8.31　几何公差识读示例

8.4 零件图的画法

零件图的画法有两种：一种是设计机器时，先画出装配图，再从装配图中拆画零件图；另一种是按照现有零件或轴测图画出零件图。

阀盖立体图如图 8.32 所示，绘制阀盖零件图的具体步骤如下。

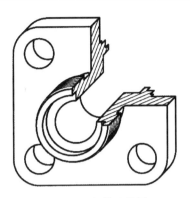

1. 结构分析

阀盖通过四个螺柱与阀体连接，主要结构是方形法兰盘，有外管螺纹，四周有四个均匀分布的通孔，中间的通孔与阀芯的通孔对应，形成流体通道。

图 8.32 阀盖立体图

2. 确定表达方案

阀盖属于轮盘类零件。根据轮盘类零件的常见表达方案，确定用主视图和左视图绘制阀盖的零件图。其中，主视图为全剖视图，主要反映阀盖各部分的相对位置、内部阶梯孔及凸缘上孔的内形；左视图用来表达方形凸缘及凸缘上四个通孔的分布情况。

如何绘制零件图

3. 选择图幅、确定比例

先测量零件长度、宽度、高度方向上的最大尺寸，再选择图幅并确定绘图比例。

图 8.32 中，阀盖的长度最大尺寸为 48mm，宽度和高度尺寸为 75mm，留出标注尺寸所需的空间后，可选用 A4 图纸，绘图比例为 1∶1。

4. 画底稿

先画出图框线、标题栏及各视图的作图基准线，如图 8.33（a）所示，再由表达方案徒手画出各视图。画各视图时，应首先画出零件的主要轮廓线，如图 8.33（b）所示，其次画出次要轮廓线及其细节部分，最后检查图形，逐个描深图线并画出剖面线，如图 8.33（c）所示。

5. 标注尺寸

按照该零件在装配图中的位置关系选择尺寸基准，以各基准出发标注尺寸。因为图 8.33 所示阀盖的主体部分是回转体，所以以轴孔的轴线为径向主要基准；阀盖的右端面与阀体配合，应以右侧凸缘端面为轴向主要基准，由此标注尺寸 $4_0^{+0.18}$、$44_{-0.39}^{0}$、$5_0^{+0.18}$ 和 6 等。标注尺寸和技术要求如图 8.33（d）所示。

6. 标注技术要求

阀盖是由铸铁制成的，需要进行时效处理，以消除内应力。此外，还应对视图中未标注的小圆角作出要求，对重要配合面或功能孔等提出表面结构要求，具体如图 8.33（d）所示。

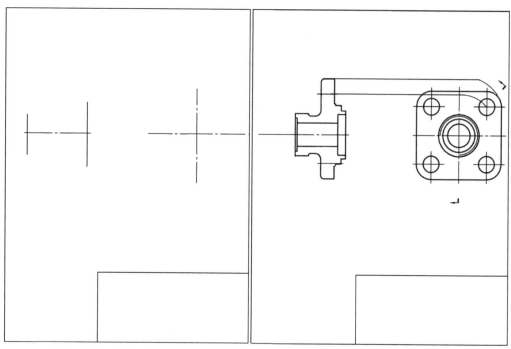

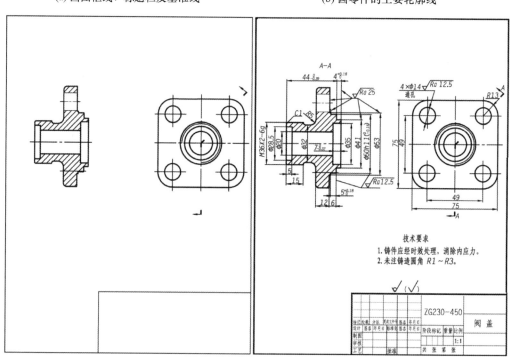

(a) 画图框线、标题栏及基准线

(b) 画零件的主要轮廓线

(c) 检查图形并描深图线

(d) 标注尺寸和技术要求

图 8.33　绘制阀盖零件图

8.5 识读零件图

零件图是制造和检验零件的依据，是反映零件结构、尺寸和技术要求的载体。正确、熟练地识读零件图是技术人员需要掌握的一项基本技能，是生产合格产品的基础。

8.5.1 识读零件图的目的和步骤

识读零件图的目的是根据零件图想象零件的结构形状，明确其尺寸类别、尺寸基准和技术要求等，以便在制造零件时采用合理的加工方法和测量方法。

读零件图时，一般按"看标题栏、看各视图、看尺寸标注、看技术要求"的顺序进行。通过读零件图解决以下几个问题：①根据标题栏，了解零件的名称、用途、材料和数量等；②分析视图，了解零件各部分的结构形状、特点、功能及相对位置；③分析尺寸，了解零件的各部分尺寸及各方向的主要基准；④分析技术要求，掌握各加工表面的制造方法和技术要求。

8.5.2 典型零件图例分析

虽然零件的形状千差万别，但根据其在机器（或部件）中的作用和形状特征，通过比较、归纳，可划分为轴（套）类零件、轮盘盖类零件、叉架类零件和箱体类零件。分析各类零件的表达方法，找出规律，作为读、画同类零件的参考。

1. 轴（套）类零件

（1）结构特点分析。轴（套）类零件的主体大多由位于同一轴线上多段直径不同的回转体组成，轴向尺寸一般比径向尺寸大，零件上常有轮齿、退刀槽、销孔、螺纹、越程槽、中心孔、油槽、倒角、圆角、锥度等结构。主动齿轮轴如图 8.34 所示。

图 8.34 主动齿轮轴

（2）表达方案分析。为了便于看图，按加工位置选择轴（套）类零件的主视图，通常将轴线水平放置，非圆视图水平放置作为主视图，符合车削和磨削的加工位置，局部视图、局部剖视图、断面图、局部放大图等作为补充。对于形状简单、轴向尺寸较大的部分，常断开后缩短绘制。由于空心套类零件大多存在内部结构，因此一般采用全剖、半剖或局部剖绘制。

主动齿轮轴零件图如图 8.35 所示，采用了三个视图表达。主视图采用局部剖，反映了阶梯轴的各段形状及相对位置，同时反映了轴上的轮齿、越程槽、键槽、退刀槽、螺纹等局部结构的形状及轴向位置；断面图表达了键槽的

识读主动齿轮轴零件图

深度；局部放大图表达了越程槽的结构。

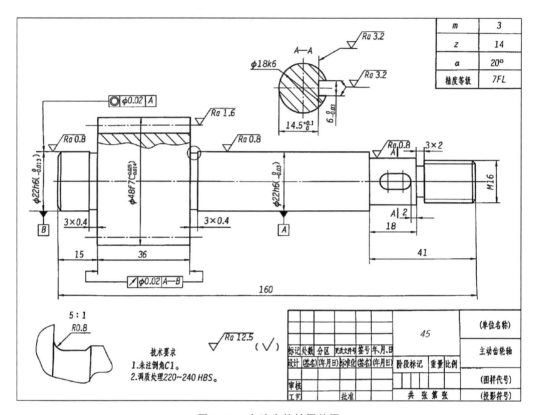

图 8.35　主动齿轮轴零件图

2. 轮盘类零件

（1）结构特点分析。常见轮盘类零件有齿轮、手轮、带轮、法兰盘、端盖和压盖等。其中，轮类零件在机器中一般通过键、销与轴连接，主要用于传递扭矩。轮盘类零件上的常见结构有凸台，以及均匀分布的阶梯孔、螺孔、槽等，主要起支承、连接、轴向定位及密封作用，如图 8.36 所示的轮盘。轮盘类零件的基本形状是扁平的盘状，大多由回转体组成。轮盘类零件的毛坯多为铸件，主要加工方法有车削、刨削或铣削。

（2）表达方案分析。由于轮盘类零件的主要加工表面多为车削，因此主视图一般按加工位置原则将轴线水平放置，并将垂直于轴线的方向作为投射方向，其表达多采用主视图和左视图（或右视图）。其中，主视图采用剖视图表达内部结构，左视图（或右视图）表达零件的外形及零件上孔、肋板、轮辐等的分布情况。零件上的一些细小结构可采用局部剖视图、断面图和局部放大图等表达。

识读轮盘类零件图

图 8.36　轮盘

轮盘零件图如图 8.37 所示，该

148

轮盘采用两个视图表达，一个为全剖主视图，反映轮盘的结构；另一个为左视图，反映沉孔的分布情况。

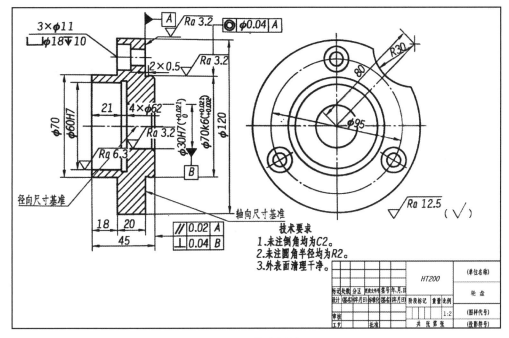

图 8.37　轮盘零件图

3. 叉架类零件

（1）结构特点分析。叉架类零件大多由铸造或模锻制成毛坯，经机械加工而成，结构大多比较复杂，一般分为工作部分（与其他零件配合或连接的套筒、叉口、支承板等）和联系部分（高度方向尺寸较小的棱柱体，其上常有凸台、凹坑、销孔、螺纹孔、螺栓过孔、成型孔等结构）。常见叉架类零件有各种拨叉、连杆、摇杆、支架、支座等。

（2）表达方案分析。由于叉架类零件的加工位置难以分出主次，工作位置也不尽相同，因此选择主视图时，主要考虑零件的形状特征和工作位置。支架立体图如图 8.38 所示，初步选用主视图、左视图、俯视图三个基本视图表达。其中，主视图表达支架各组成部分的基本形状；左视图采用两个平行剖切平面形成全剖视图，表达安装油杯的螺孔、加强筋及底板上开口槽的形状；因为只有肋板、底板、底板上两个开口槽的形状及距离、加强筋的截面形状，以及安装油杯处的凸台需要进一步表达，所以俯视图采用由单一剖切平面形成的全剖

图 8.38　支架立体图

视图，表达肋板的横截面、底板及开口槽的形状。此外，还可以用一个局部视图表达安装油杯处的凸台形状，用一个移出断面图表达加强筋的截面形状。支架零件图如图 8.39 所示。

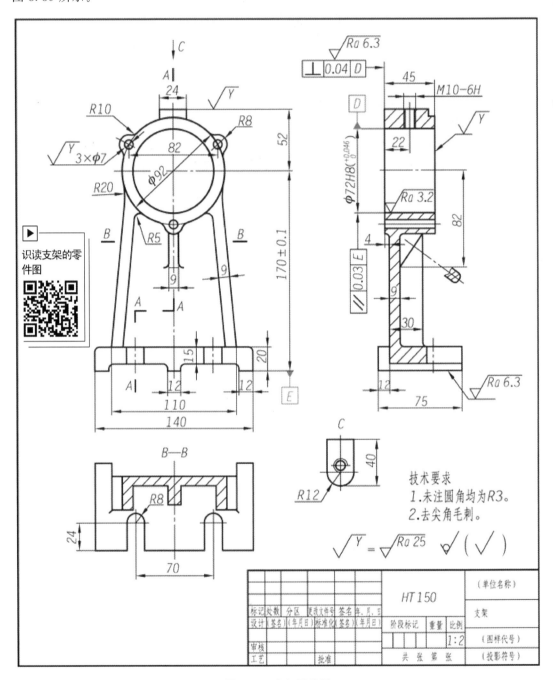

图 8.39　支架零件图

4. 箱体类零件

（1）结构特点分析。箱体类零件由以下几个部分构成：容纳运动零件和储存润滑液的内腔由厚度较均匀的壁部组成，其上有支承和安装运动零件的孔及安装端盖的凸台（或凹坑）、螺孔等；将箱体固定在机座上的安装底板及安装孔；加强筋、润滑油孔、油槽、放油螺孔等。箱体类零件一般为铸件，如泵体、阀体、减速器箱体等。

　　减速器箱体如图 8.40 所示，其体积比较大，结构比较复杂。利用形体分析法可知，其基础形体由底板、箱壁、T 形肋板、水平方向的蜗杆轴孔和竖直方向的蜗轮轴孔组成。蜗轮轴孔在底板和箱壳之间，其轴线与蜗杆轴孔的轴线垂直异面，T 形肋板将底板、箱壳和蜗轮轴孔连接成一个整体。

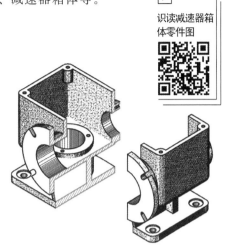

识读减速器箱体零件图

　　（2）表达方案分析。通常以最能反映形状特征及相对位置的方向为主视图的投影方向，以自然安放位置原则或工作位置原则为主视图的摆放位置。一般需要两个或两个以上基本视图表示清楚主要结构的形状。常用局部视图、局部剖视图和局部放大图等表达未表达清楚的局部结构。减速器箱体零件图如图 8.41 所示，其中共有六个视图。

图 8.40　减速器箱体

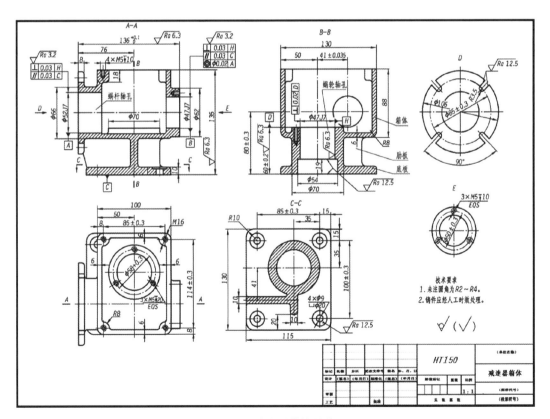

图 8.41　减速器箱体零件图

　　① 主视图选择了全剖视图，主要表达蜗杆轴孔、箱壁和肋板的形状及位置关系，并

在左上方和右下方分别采用局部剖视图表达螺纹孔和安装孔的形状及尺寸。

②$B-B$视图采用全剖视图，主要表达蜗轮轴孔、箱壳的形状和位置关系；俯视图为视图，主要表达箱壁和底板、蜗轮轴孔和蜗杆轴孔的形状和位置关系；$C-C$视图为剖视图，主要表达底板和肋板的断面形状。

③分别采用D向和E向两个局部视图表达两个凸台的形状。

第 9 章
装配图

本章教学要点

知识要求	能力要求	相关知识
装配图的 作用和内容	1. 熟悉装配图的作用。 2. 熟悉装配图的内容	装配图的作用，装配图的内容
装配图的视图 和表示方法	1. 熟悉装配图的视图选择。 2. 熟悉装配图的规定画法。 3. 熟悉装配图的特殊表达方法	装配图的视图选择，装配图的 规定画法，装配图的特殊表达 方法
装配图的尺寸 标注及技术要求	1. 掌握装配图的尺寸标注。 2. 了解装配图的技术要求	装配图的尺寸标注，装配图的 技术要求
装配图的零、部件 序号和明细栏	1. 熟悉零、部件序号的编排及标注。 2. 熟悉明细栏	零、部件序号的编排及标注， 明细栏
装配体测绘及 绘制装配图	1. 熟悉装配体测绘。 2. 熟悉画装配图的方法和步骤	装配体测绘，画装配图的方法 和步骤
装配图的识读	1. 熟悉识读装配图的基本要求。 2. 掌握识读装配图的方法和步骤	识读装配图的基本要求，识读 装配图的方法和步骤
由装配图 拆画零件图	1. 熟悉拆画零件图的步骤。 2. 熟悉拆画零件图要注意的问题	拆画零件图的步骤，拆画零件 图要注意的问题

机械制图

导入案例

600km/h 的高速磁浮下线，仅 3.5min 从零加速到 600km/h

高速磁浮

火车节之间是如何连接在一起的？

2021 年 7 月 20 日，由中国中车股份有限公司承担研制、具有完全自主知识产权的速度为 600km/h 的高速磁浮交通系统在山东青岛成功下线，这是世界首个设计速度达 600km/h 的高速磁浮交通系统，标志着我国掌握了高速磁浮成套技术和工程化能力。由于该高速磁浮列车是当前可实现的"地表最快"交通工具，因此也被形象地称为"贴地飞行"。

速度为 600km/h 的高速磁浮交通系统采用的是成熟、可靠的常导技术，它的基本原理是利用电磁力实现列车"无接触"运行。列车底部的悬浮架装有电磁铁，与铺设在轨道下方的铁芯相互吸引，产生向上的吸力，从而克服地心引力，使列车"悬浮"起来，再利用直线电机驱动列车前行。

高速磁浮列车运行时，通过精确控制电磁铁中的电流，车体与轨道之间始终保持约为 10mm 的悬浮间隙。这种无接触的运行方式取代了传统轮轨的机械接触支承，从根本上突破了传统轮轨关系的约束，可以达到更高的运行速度。

由于不受轮轨黏着限制，因此高速磁浮列车还具备较强的加/减速能力。轮轨高铁从零加速到 350km/h 需要 6min，而高速磁浮列车从零加速到 600km/h 只需 3.5min。快起快停使它能更加充分地发挥速度优势。

装配图是设计部门提交给生产制造部门的重要技术文件，设计、装配、检验、安装、调试、使用及维修机器时都需要装配图。

9.1　装配图的作用和内容

表达机器或部件的工作原理、各组成部分间的装配连接关系及相对位置的图样称为装配图。

9.1.1　装配图的作用

装配图是制定装配工艺规程，进行装配、检验、安装、调试、使用及维修的技术文件，也是表达设计思想、指导生产制造和交流技术的重要技术文件。

设计人员设计产品时，一般先根据产品的工作原理图画出装配图，再根据装配图的要求进行零件设计，并拆画零件图，根据零件图制造零件，根据装配图，将零件装配成机器或部件。在产品制造过程中，装配图是制定装配工艺规程、进行装配和检验的技术依据。

9.1.2　装配图的内容

装配图不但要表达机器或部件的工作原理，而且要表达机器或部件的结构和各组成部分间的装配连接关系。装配图的内容如下。

1. 一组视图

一组视图用于表达装配体（机器或部件）的工作原理，零件的装配关系，各组成部分的相对位置、连接方式、传动路线，以及主要零件的结构形状等。球阀装配图如图9.1所示。

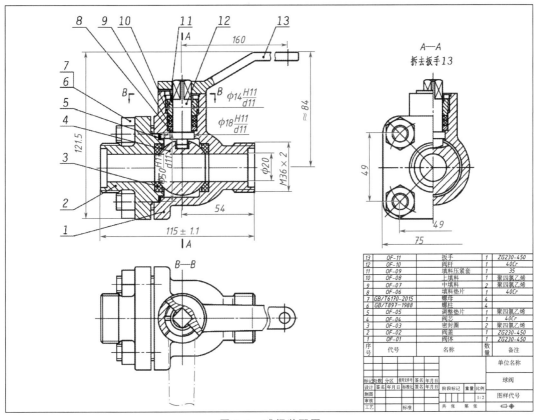

图9.1 球阀装配图

2. 必要尺寸

在装配图上，只需标注装配体的性能规格尺寸、总体尺寸、装配尺寸、安装尺寸及其他重要尺寸即可。

3. 技术要求

装配图中的技术要求是指用符号、文字等说明装配体（机器或部件）在装配、调试、检验、安装、使用和维修等方面需要达到的相关条件或要求。

4. 零件序号、标题栏和明细栏

在装配图的右下角画出标题栏，填写装配体的名称、图号、比例和责任者签字等；为每个零件编写序号，并在标题栏上方按序号编制明细栏，填写各组成零件的序号、名称、图号、材料、数量、标准件的规格和代号等。

9.2　装配图的视图和表示方法

装配图要正确、清楚地表达装配体的结构、工作原理及零件间的装配关系，且不要求完整地表达每个零件的各部分结构。本书零件图的各种表示方法在表达机器或部件的装配图时仍然适用，但由于装配图和零件图表达的侧重点不同，因此国家标准对装配图的视图选择和画法作出了专门的规定。

9.2.1　装配图的视图选择

装配图与零件图相同，主视图是整组视图的核心，主要表达组成装配体各零件间的装配关系。下面以图 9.1 所示的球阀装配图和图 9.2 所示的球阀立体图为例，介绍装配图的视图选择。

球阀

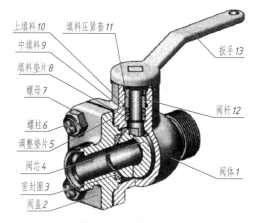

图 9.2　球阀立体图

1. 主视图

在图 9.2 中，要清楚地表达各零件间的位置关系，需要用过阀盖 2 和阀体 1 的中心轴线，且与 V 面平行的平面剖开该立体图，结合球阀在实际应用中的放置状态，得出主视图的表达方案。

在图 9.1 中，主视图用全剖视图，清楚地表达了主要零件间的装配关系和工作原理，即阀体 1 与阀盖 2 用螺柱 6 和螺母 7 连接，并用调整垫片 5 调节阀芯 4 与密封圈 3 之间的松紧；阀杆 12 下端与阀芯 4 连接，上端与扳手 13 连接；阀体 1 与阀杆 12 之间依次安装有填料垫片 8、中填料 9、上填料 10 和填料压紧套 11。

综上所述，球阀的工作原理如下：通过转动扳手 13 控制阀芯 4 的转向，打开或关闭阀门。

2. 其他视图

其他视图用于补充表达主视图上没有且必须表达的内容，进一步说明尚未表达清楚的部位。在图 9.1 中，左视图用于进一步表达阀盖 2 的形状、阀杆 12、填料垫片 8、中填料 9、上填料 10 和填料压紧套 11 的安装情况。为突出阀盖 2 的形状特征，在左视图中拆去扳手 13。

俯视图主要表达除扳手 13 外的其他主要零件的形状和安装位置，用局部剖视图表达阀杆 12 的截面形状和方位。

9.2.2 装配图的规定画法

1. 零件间接触表面、配合表面的画法

相邻两零件的接触表面和配合表面只画一条线，非接触表面和非配合表面即使间隙很小也应画两条线。配合表面和非配合表面的画法如图 9.3 所示，接触表面和非接触表面的画法如图 9.4 所示。

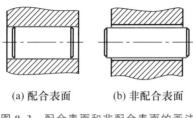

(a) 配合表面　　(b) 非配合表面

图 9.3　配合表面和非配合表面的画法

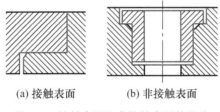

(a) 接触表面　　(b) 非接触表面

图 9.4　接触表面和非接触表面的画法

2. 剖面线的画法

两个或两个以上零件邻接时，剖面线的倾斜方向应相反或方向一致且间隔不相等，但同一零件在各视图上的剖面线方向和间隔必须一致。另外，图中断面厚度小于或等于 2mm 时，允许以涂黑的方式代替剖面线。剖面线及标准件、实心件的画法如图 9.5 所示。

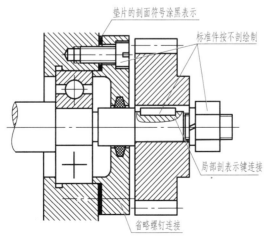

图 9.5　剖面线及标准件、实心件的画法

3. 标准件、实心件的画法

在装配图中，当剖切平面通过螺栓、螺钉、螺母、垫圈、键、销等标准件，以及轴、杆、球等实心件的纵向对称面或轴线时，按不剖绘制，如图 9.5 所示；当需要表达这些零件上的孔、槽等细节结构时，用局部剖视图表达。

9.2.3 装配图的特殊表达方法

1. 假想画法

在装配图中，当需要表达运动机件的极限位置或与本装配体有关但不属于本装配体的相邻零（部）件时，可用双点画线画出该运动零件极限位置的外形轮廓。极限位置和相邻机构的假想画法如图 9.6 所示。

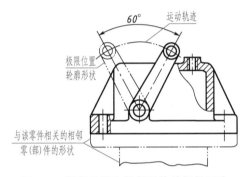

图 9.6　极限位置和相邻机构的假想画法

2. 拆卸画法

在装配图中，若某些零件的结构、位置和装配关系已经表达清楚，则可将其拆卸不画，但要在拆卸后的视图上方标注"拆去××"。拆去零件并沿零件的结合面剖切如图 9.7 所示。

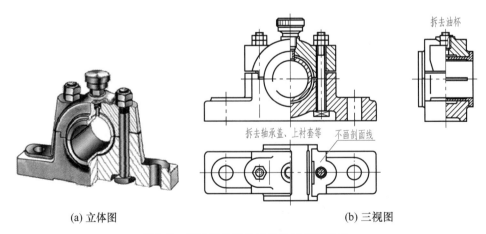

(a) 立体图　　　　　　　　　　　　　　　　(b) 三视图

图 9.7　拆去零件并沿零件的结合面剖切

3. 夸大画法

在装配图中，当绘制厚度较小的薄片零件、直径较小的细丝零件和间隙较小的结构时，若很难在装配图中画出或明确表达实际尺寸，则允许不按比例而适当地夸大画出。薄片及间隙的夸大画法如图 9.8 所示。

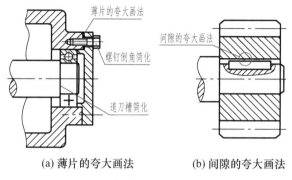

(a) 薄片的夸大画法　　　　　(b) 间隙的夸大画法

图 9.8　薄片及间隙的夸大画法

4. 简化画法

（1）在装配图中，零件的工艺结构（如倒角、圆角、退刀槽、凹坑、凸台、沟槽、滚花、刻线及其他细节等）可省略不画，如图 9.8 所示。

（2）在装配图中，螺母和螺栓头部允许采用简化画法。当绘制相同的螺纹紧固件时，可只画一处，其余只需用细点画线表示出所在位置即可。

9.3　装配图的尺寸标注及技术要求

9.3.1　装配图的尺寸标注

由于装配图主要用于表达零部件的装配关系，因此不需要标注零件的全部尺寸，只需标注一些必要的尺寸即可。这些尺寸按作用不同，一般可分为以下五类。

1. 规格（性能）尺寸

规格（性能）尺寸是指表示部件或机器规格和性能的尺寸，是设计时确定的尺寸，也是了解、选用产品的主要依据。图 9.1 中球阀的通径 $\phi 20$ 为规格（性能）尺寸。

2. 装配尺寸

装配尺寸是指表示部件或机器中零件间装配关系的尺寸，包括配合尺寸和相对位置尺寸。

（1）配合尺寸：表示两个零件之间配合性质的尺寸。在图 9.1 中，$\phi 50H11/d11$ 为阀盖和阀体的配合尺寸，$\phi 14H11/d11$ 为阀杆和填料压紧套的配合尺寸。

（2）相对位置尺寸：表示装配体装配时需要保证的零件间较重要的距离尺寸和间隙尺寸。在图 9.1 中，115 ± 1.1 为阀盖和阀体的相对位置尺寸。

3. 安装尺寸

安装尺寸是指将部件安装到机座或地基上，或与其他机器或部件连接时需要的尺寸。图 9.1 中，54、M36×2 等都是安装尺寸。

4. 外形尺寸

外形尺寸是指表示机器或部件外形大小的总体尺寸，包括总长度、总宽度、总高度，为包装、运输和安装过程中所占的空间提供数据。在图 9.1 中，球阀的总长度、总宽度和总高度分别为 115±1.1、75 和 121.5。

5. 其他重要尺寸

其他重要尺寸是指在设计时确定或选定的，但不属于上述四类尺寸的重要尺寸，如运动件的极限尺寸、主要零件的重要尺寸等。

9.3.2 装配图的技术要求

由于装配体的性能、用途各不相同，因此其技术要求也不同。拟定装配体的技术要求时，应具体分析，一般从以下三个方面考虑。

1. 装配要求

装配要求是指机器或部件在装配过程中应注意的事项及装配后应达到的技术要求，如装配间隙、润滑要求等。

2. 检验要求

检验要求是指对装配后机器或部件的基本性能的检验、调试、验收及操作技术指标等方面提出的要求。

3. 使用要求

使用要求是指对机器或部件的维护、保养、使用注意事项的说明。

9.4 装配图的零、部件序号和明细栏

为了便于阅读和管理图样、统计零件数量、进行生产的准备工作，需要对装配图中所有不同的零、部件编写序号，并绘制明细栏。

9.4.1 零、部件序号的编排及标注

1. 零、部件序号的编排方式

（1）对装配图中的所有零件（包括标准件和专用件）依次编号，如图 9.1 所示。

（2）将装配图中所有标准件的数量、标记直接标注在指引线上，非标准件需按顺时针或逆时针方向编号。零、部件序号的编排方法如图 9.9 所示。

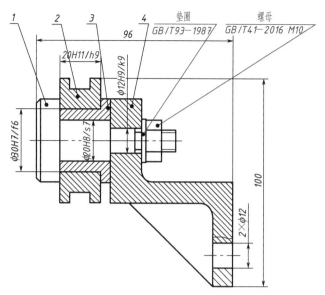

图 9.9　零、部件序号的编排方法

2. 零、部件序号的标注方法

零、部件序号应标注在视图、尺寸的范围外。指引线应从连接的可见轮廓内引出，用细实线绘制，并在轮廓内的一端画一个小圆点。零、部件序号的一般标注方式如图 9.10（a）所示，在轮廓外的一端画一小段细实线的水平线或圆，序号的字高比装配图中所注尺寸数字的高度大一号或两号；也可以不画水平线或圆，但序号的字高比装配图中所注尺寸数字的高度大一号或两号。同一装配图中编注序号的形式应一致。

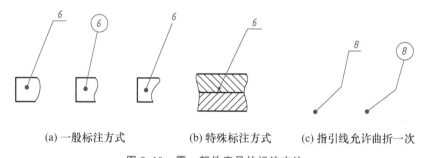

(a) 一般标注方式　　　　(b) 特殊标注方式　　(c) 指引线允许曲折一次

图 9.10　零、部件序号的标注方法

当引线所指部分不易画圆点时（很薄的零件或涂黑的剖面），可在指引线末端画出指向该部分的箭头，如图 9.10（b）所示。

3. 标注零、部件序号的注意事项

（1）相同零、部件用一个序号，一般只标注一次。多处出现的相同零、部件，必要时可重复标注。

（2）指引线不能相交。当指引线通过有剖面线的区域时，不应与剖面线平行，必要时允许曲折一次，如图 9.10（c）所示。

（3）一组紧固件或装配关系清楚的零件组可采用公共指引线，如图 9.11 所示。

（4）零、部件应按顺时针或逆时针顺序编号，全图按水平方向或垂直方向整齐排列，并应标注在视图外面，如图 9.1 所示。

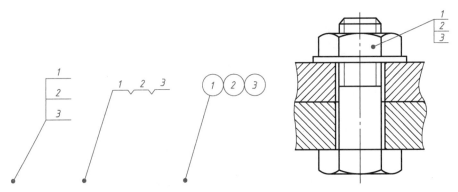

图 9.11　公共指引线的标注方法

9.4.2　明细栏

明细栏是指装配图中所有零、部件的详细目录，应该画在标题栏的上方，如图 9.1 所示；当标题栏位置不够时，可画在标题栏左侧。明细栏的竖线及标题栏的分界线为粗实线，其余为细实线。零件序号按从小到大的顺序由下向上填写，以便添加漏画的零件。

9.5　装配体测绘及绘制装配图

根据现有部件（或机器）画出装配图和零件图的过程称为部件测绘。当设计新产品、引进先进设备以及对原有设备进行技术改造和维修时，需要对现有机器或零、部件进行测量，并画出装配图和零件图。

一般来说，在部件测绘前，应首先了解、分析测绘对象；其次拆卸零件，并在拆卸之前和拆卸过程中绘制装配示意图和零件草图；最后根据装配示意图和零件草图绘制装配图。

下面以滑动轴承为例，讲解部件测绘及绘制装配图的方法和步骤。

9.5.1　装配体测绘

1. 了解和分析装配体

要正确表达一个装配体，必须首先了解和分析其用途、性能、工作原理、结构特点，以及零件间的装配关系、相对位置和拆卸方法等，可通过观察实物、阅读有关技术资料和类似产品图样及咨询有关人员学习和了解。

▶

滑动轴承

滑动轴承装配图如图 9.12 所示。滑动轴承是支承传动轴的部件，轴在轴瓦内旋转。轴瓦由上、下两块组成，分别嵌在轴承盖和轴承座上，轴承盖和轴承座用一对螺栓和螺母连接。为了可以用增加垫片的方法调整轴瓦与轴配合的松紧程度，轴承盖与轴承座之间应留有一定的间隙。滑动轴承分解轴测图如图 9.13 所示。

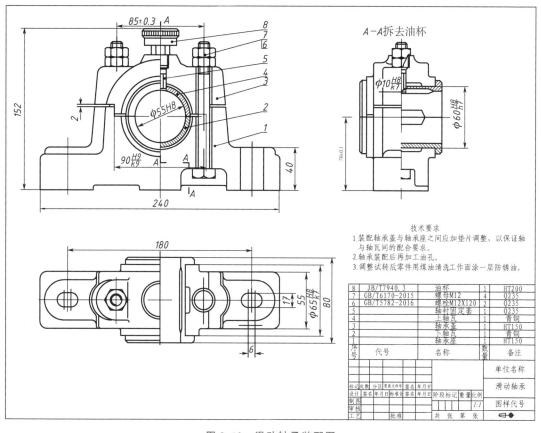

图 9.12　滑动轴承装配图

2. 拆卸零件

在拆卸零件前，应准备好有关拆卸工具及放置零件的用具和场地，根据装配的特点，按照一定的拆卸顺序，正确地依次拆卸。在拆卸过程中，应为每个零件都扎上标签，记好编号。拆下的零件要分区、分组地放在适当地方，以免丢失和混淆，也便于测绘后重新装配。不可拆卸的零件和过盈配合的零件不拆卸，以免损坏零件或影响零件的精度。

图 9.13 所示滑动轴承的拆卸顺序如下。

（1）拧下油杯。

（2）用扳手分别拧下两组螺栓连接的螺母，取出螺栓，此时轴承盖与轴承座分开。

（3）从轴承盖上取出上轴瓦，从轴承座上取出下轴瓦，拆卸完毕。

轴承盖中的轴衬固定套是过盈配合，不应拆卸。

3. 画装配示意图

画装配示意图时，一般用简单的图线画出装配体各

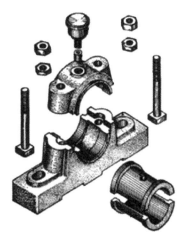

图 9.13　滑动轴承分解轴测图

163

零件的大致轮廓，以表示其装配位置、装配关系和工作原理等情况的简图。弹簧、轴承等的零件示意图可参照国家标准规定的符号绘制；一般零件可按外形和结构特点形象地画出大致轮廓。

在对装配体全面了解、分析之后画出装配示意图，再在拆卸过程中进一步了解装配体内部结构和各零件之间的关系，进行修正、补充，以备将来正确地画出装配图和重新装配装配体。滑动轴承装配示意图如图 9.14 所示。

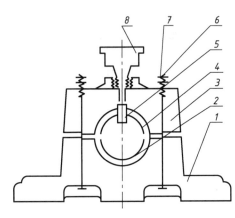

1—轴承座；2—下轴瓦；3—轴承盖；4—上轴瓦；
5—轴衬固定套；6—螺栓；7—螺母；8—油杯
图 9.14 滑动轴承装配示意图

4. 画零件草图

逐个徒手画出拆卸零件的草图。一些标准零件（如螺栓、螺钉、螺母、垫圈、键、销等）可以不画，但应量出其主要规格尺寸，以确定规定标记，其他数据可通过查阅相关标准获取。所有非标准件都必须画出零件草图，并要准确、完整地标注测量尺寸。

画零件草图时还应注意以下三点。

（1）画零件草图，除了图线是徒手画的，其他方面的要求与画正式的零件工作图相同。

（2）零件的视图选择应尽可能地考虑到画装配图的方便性。

（3）零件间有配合、连接和定位等关系的尺寸，在相关零件上应标注一致。

9.5.2　画装配图的方法和步骤

在画装配图之前，必须对装配体的功能、工作原理、结构特点，以及其中各零件的装配关系等有全面的了解和认识。装配体是由若干零件组成的，可以根据装配体各组成件的零件草图和装配示意图画出装配图。

1. 拟定表达方案

拟定表达方案包括选择主视图、确定视图数量和表达方法。

（1）选择主视图。

主视图一般按装配体的工作位置选择，要求最能反映装配体的工作原理、主要装配关系和主要结构特征。由于滑动轴承正面最能反映主要结构特征和装配关系，因此选择正面作为主视图方向；又由于该轴承内外结构形状都对称，因此画成半剖视图，如图 9.12 所示。

（2）确定视图数量和表达方法。

一个视图并不能把所有情况全部表达清楚，需要其他视图作为补充，并应考虑易读、易画的最佳表达方法。俯视图表示轴承顶面的结构形状。为了更清楚地表示下轴瓦与轴承座之间的接触情况，以及下轴瓦的油槽形状，在俯视图右边采用拆卸剖视。在左视图中，由于该图形是对称的，因此采用 A—A 半剖视，既完善了对上轴瓦与轴承盖及下轴瓦与轴承座之间装配关系的表达，又兼顾了轴承侧向外形的表达。由于油杯属于标准件，在主视图中已有表示，因此在左视图中拆掉不画，如图 9.12 所示。

2. 画装配图的步骤

（1）根据确定的视图数量、图形的尺寸和选用的比例选定图幅，并进行布局。在布局时，应留出标注尺寸、编写零件序号、书写技术要求、画标题栏和明细栏的位置。

（2）画出图框、标题栏和明细栏。

（3）画出各视图的主要中心线、对称线、轴线及基准线等，如图 9.15 所示。

（4）画出各视图主要部分底稿，如图 9.16 所示。通常可以先从主视图开始，根据各视图表达的主要内容的不同，采取不同的方法着手。如果是画剖视图，则应从内向外画，被遮住的零件的轮廓线就可以不画。如果是画外形视图，则一般从大的或主要的零件着手。

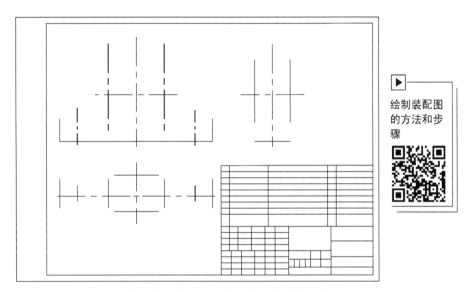

绘制装配图的方法和步骤

图 9.15　图框、标题栏、明细栏、中心线及基准线

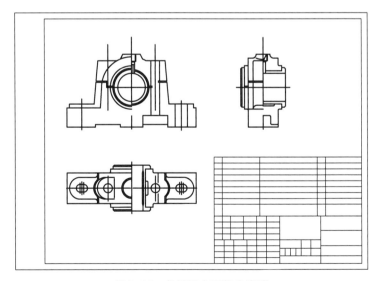

图 9.16　各视图主要部分底稿

（5）画次要零件、小零件及各部分的细节，如图 9.17 所示。

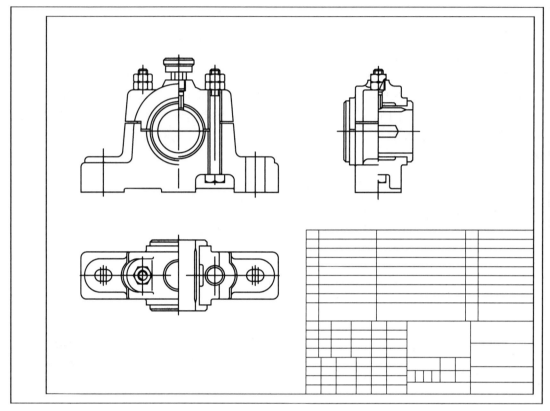

图 9.17　次要零件、小零件及各部分的细节

（6）画剖面线并描深。在画剖面线时，主要剖视图可以先画，最好画完一个零件的所有剖面线后画另一个，以免剖面线方向及间距出现错误。

（7）标注必要的尺寸。

（8）编写零件序号，并填写明细栏、标题栏及技术要求等。

（9）仔细检查全图并签名。

9.6　装配图的识读

设计、装配、检验、使用、维修机器及技术交流时，都需要识读装配图。由此可见，识读装配图是工程技术人员必须掌握的基本能力。

9.6.1　识读装配图的基本要求

（1）了解装配体的名称、功用、性能、结构和工作原理。

（2）明确各零件之间的装配关系、连接方式、相互位置及装拆次序。

（3）读懂各零件的主要结构形状和作用等。

（4）了解装配图技术要求中的各项内容。

9.6.2 识读装配图的方法和步骤

识读装配图的一般步骤为"概括了解—→分析视图—→分析装配顺序和工作原理—→分析零件的结构形状—→综合想象装配体的形状—→分析尺寸和技术要求"。

下面以滑轮支架装配图(图 9.18)为例,说明识读装配图的方法和步骤。

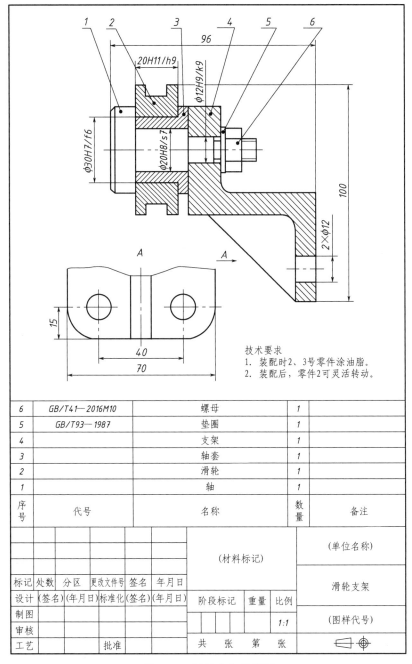

技术要求
1. 装配时2、3号零件涂油脂。
2. 装配后,零件2可灵活转动。

6	GB/T41—2016M10	螺母	1	
5	GB/T93—1987	垫圈	1	
4		支架	1	
3		轴套	1	
2		滑轮	1	
1		轴	1	
序号	代号	名称	数量	备注

		(材料标记)		(单位名称)
标记 处数 分区 更改文件号 签名 年月日				
设计 (签名)(年月日)标准化(签名)(年月日)		阶段标记 重量 比例		滑轮支架
制图			1:1	
审核				(图样代号)
工艺 批准		共 张 第 张		

图 9.18 滑轮支架装配图

1. 概括了解

（1）从标题栏中可了解装配体的名称、大致用途及图的比例等。

（2）从零件编号及明细栏中了解零件的名称、数量及在装配体中的位置。

由图 9.18 所示标题栏和明细栏可知，该部件为滑轮支架。从明细栏中可知，滑轮支架由六种零件组成，结构比较简单。其中，标准件有两种，非标准件有四种。由滑轮支架的高度尺寸 100mm、长度尺寸 96mm 可知，整个装置的体积比较小。

2. 分析视图

了解各视图、剖视、断面等之间的投影关系及表达意图，应找出剖视图和断面图的剖切位置和投影方向，为进一步深入读图做准备。

滑轮支架装配图由两个视图组成，其中，主视图采用单一剖切平面的全剖视图，表达各零件的装配关系和工作原理；局部视图表达支架上的螺孔。

3. 分析工作原理、零件间的装配关系及装配体的结构

在分析工作原理和装配关系时，首先应通过零件的编号、剖面线的方向、间隔，以及装配图的规定画法和特殊画法等区分装配图中的不同零件；然后了解机器或部件的装配关系、零件间的配合要求等，对机器或部件的工作原理和装配关系有一定的了解。

图 9.18 所示滑轮支架的装配顺序如下：在轴套上安装滑轮后，一起安装在轴上，将轴穿过支架上的孔，并用螺母、垫圈将它们固定在支架上。

4. 分析零件的结构形状，综合想象装配体的形状

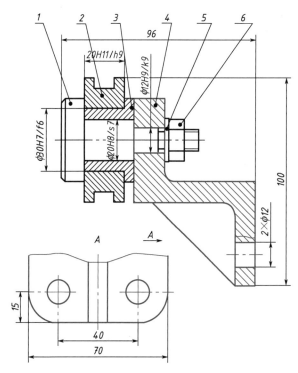

图 9.19　装配图中的支架视图

（1）分析零件。分析零件前，要正确区分零件。区分零件的主要方法是根据不同方向和不同间隔的剖面线，以及各视图之间的投影关系进行判别。区分出零件后，分析零件的结构形状和功用，一般先分析主要零件，再分析次要零件。当零件在装配图中表达不完整时，可结合该零件的零件图识读装配图，从而确定该零件合理的内、外形状。一般标准件（如螺栓、螺钉、滚动轴承等）可查阅相关手册。

在图 9.18 中，主视图中的主要零件是支架，装配图中的支架视图如图 9.19 所示。综合这两个视图，可基本了解支架的形状和主要孔位。由于支架的形状在装配图中表达不完整，因此还需结合支架零件图进一步确定具体形状，如图 9.20 所示。

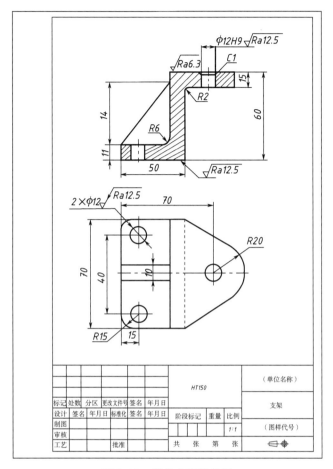

图 9.20　滑轮支架零件图

除支架外，滑轮、轴、轴套的形状都是回转体，可由装配体大概想象出形状；垫片和螺母为标准件，可结合相关标准得到立体形状。

（2）想象出主要零件的结构形状后，结合装配体的工作原理、结构特点、装配关系及连接关系等，想象出整个装配体的结构形状。滑轮支架立体图如图 9.21 所示。

5. 分析尺寸和技术要求

在装配图中，通常标注规格尺寸、装配尺寸、安装尺寸、总体尺寸、其他重要尺寸，以及对装配体的安装、检验和使用等方面提出的要求等，方便读图人员全面、准确地了解和使用该装配体。

图 9.18 中标注有总体尺寸 96mm 和 100mm。为了保证滑轮的工作性能，滑轮 2 与轴套 3 之间标注有装配尺寸 $\phi30\text{H7/f6}$；轴 1 与支架 4 之间标注有装配尺寸 $\phi12\text{H9/k9}$；轴 1 与轴套 3 之间标注有装配尺寸 $\phi20\text{H8/s7}$ 等。

以上是识读装配图的一般方法和步骤，有些步骤不能截然分开，需要交替进行。一般情况下，读图时有一个具体目的，在读图的过程中应该围绕该目的分析和研究。只要能够达到该目的，就可以采用各种方法，灵活地解决问题。

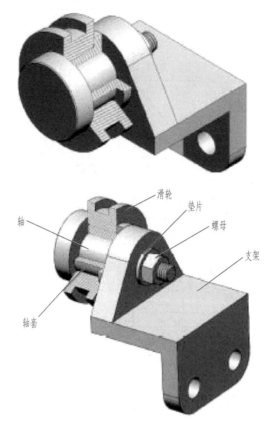

图 9.21　滑轮支架立体图

9.7　由装配图拆画零件图

在设计新机器时，通常先根据使用要求画出装配图，确定实现其工作性能的主要结构，再依据装配图设计零件并画出零件图。拆画零件图也是继续设计零件的过程。

9.7.1　拆画零件图的步骤

（1）认真阅读装配图，全面、深入了解设计意图，看懂部件的工作原理、装配关系、技术要求和每个零件在部件中的作用及结构形状。

（2）根据零件图视图表达的要求，确定各零件的视图表达方案。

（3）根据零件图的内容和画图要求，画出零件工作图。

9.7.2　拆画零件图要注意的问题

1. 零件分类

通过装配图，将零件分为标准件、常用件和一般零件。标准件无须拆画，主要拆画一般零件。

2. 对表达方案的处理

由于零件图的视图内容、表达方法、尺寸标注等与装配图不同，因此零件的视图表达方案应根据零件的结构形状特征确定，不必与装配图完全一致。

3. 对零件结构形状的处理

在装配图中，拆画允许不画零件的工艺结构（如倒角、圆角、退刀槽等）图时，应根据设计和工艺要求全部画出。

4. 对零件图上尺寸的处理

对于零件图的尺寸，除在装配图中已标注的尺寸外，其余尺寸都在装配图上按比例直接量取。可通过查标准标注与标准件连接或配合的尺寸（如螺纹、倒角、退刀槽等的尺寸）。有配合要求的表面，要注出尺寸的公差带代号或偏差值。

5. 关于零件图中的技术要求

零件的技术要求，除在装配图中已标出的（如极限与配合），可直接应用到零件图上的外，其他技术要求（如表面粗糙度、形位公差等）根据零件的功用，通过查表或参照类似产品确定。

标注零件的表面粗糙度，应根据零件各表面的作用和工艺要求，标注出表面粗糙度。对于配合表面，一般取 $Ra = 0.8 \sim 3.2\mu m$，公差等级较高的，Ra 取较小值；对于接触表面，取 $Ra = 3.2 \sim 6.3\mu m$。如零件的定位底面，取 $Ra = 3.2\mu m$；一般端面，取 $Ra = 6.3\mu m$ 等；需加工的自由表面（不与其他零件接触的表面），$Ra = 12.5 \sim 25\mu m$，如螺栓孔等。

参 考 文 献

董国耀，赵国增，李兵，2014. 机械制图 [M]. 北京：高等教育出版社.

刘国杰，陈亮，史磊，2019. 机械制图与识图 [M]. 北京：机械工业出版社.

莫春柳，陈和恩，李冰，2021. 画法几何与机械制图 [M]. 北京：高等教育出版社.

王晨曦，2012. 机械制图 [M]. 北京：北京邮电大学出版社.

王幼龙，2013. 机械制图（机械类）[M]. 4 版. 北京：高等教育出版社.

许云飞，杨巍巍，2014. 机械制图 [M]. 北京：电子工业出版社.

杨辉，2016. 机械制图 [M]. 上海：上海交通大学出版社.

于春艳，陈光，2018. 机械制图 [M]. 北京：化学工业出版社.

赵红，刘永强，2013. 工程图样的绘制与识读 [M]. 北京：高等教育出版社.